Hühner MACHEN GLÜCKLICH

Diana Tiebes

Hühner MACHEN GLÜCKLICH

Dieser Link führt Sie zu den in diesem Buch enthaltenen Video-Clips.

http://mein.muellerrueschlikon.de/42274

IMPRESSUM

Einbandgestaltung: R2 I Ravenstein, Verden

Titelfoto: Leonie Tiebes

Bildnachweis: Die Bilder in diesem Buch stammen von Diana und Leonie Tiebes.
Illustrationen: Designed by Freepik, Designed by pch.vector / Freepik,
Designed by Terdpongvector / Freepik

ISBN 978-3-275-02274-8

Postfach 103743, 70032 Stuttgart
Ein Unternehmen der Paul Pietsch Verlage GmbH & Co. KG

1. Auflage 2023

Sie finden uns im Internet unter www.mueller-rueschlikon-verlag.de

Gesamtleitung: Claudia König
Innengestaltung: R2 I Ravenstein, Verden
Druck und Bindung: PBtisk a.s. Pribram
Printed in Czech Republic

INHALT

FÜR
LEONIE
MEINE WUNDERVOLLE
TOCHTER UND BEGABTE
HÜHNERFLÜSTERIN

EINLEITUNG

Was ist es, dass mich so an Hühnern fasziniert, dass ich ein Buch, sogar eine Art Liebeserklärung über sie schreibe? Ich glaube, es ist die Tatsache, dass das Huhn total verkannt wird. Als Nutztier scheint es meilenweit entfernt vom Haustier zu sein, auf der Niedlichkeitsskala hat es reichlich Minuspunkte, wenn man sich im Vergleich Kälbchen oder süße Schweinchen anschaut. Auch auf meiner Liste der Lieblingstiere standen sie nicht. Pferde, Hunde, Giraffen, Esel und Eulen gehörten dazu. Hühner nicht. Natürlich kannte ich Hühner. Durch meine generelle Tierliebe, meine Naturverbundenheit, meinen ehemaligen Job in der Landwirtschaftsbranche, auch als Ex-Freundin eines Landwirts, sogar auf dem Teller kannte ich sie.

Dann habe ich sie neu entdeckt. Nicht als arme Kreatur in einer Legebatterie, nackt und eingepfercht, nicht als Brathähnchen an der Bude, nicht als braune Legehenne in einer Bodenhaltung zu Tausenden. Nein. Als das Huhn selbst. Vor ein paar Jahren im Garten einer Patientenbesitzerin. Ich kam dorthin, um ihren Hund und ein Pony osteopathisch zu behandeln. Das Shetty stand zusammen mit einem weiteren Kumpel und einer guten Handvoll bunter Hühner auf der Wiese. Eines davon saß auf dem rundlichen Po des Ponys, ein anderes hing beim Enkel, der im Schatten der Birke saß, im Arm und ließ sich streicheln. Die anderen, bis auf eines, kamen fix auf uns zugerannt, als wir das Tor öffneten. Idylle pur. „Das dunkle Huhn da hinten, die Else, die ist schüchtern. Die traut sich nicht, der muss man was zuwerfen. Die Agnes hier vorne pickt Dir in den Schuh, wenn Du nicht aufpasst, aber sonst ist sie brav. Die dicke Berta bei Lukas auf dem Arm will lieber kuscheln, die kommt nicht."

„Aha. Okay." Ich war fasziniert und sprachlos. Letzteres bin ich verdammt selten. „Die sind alle anders? Also nicht nur farblich und größentechnisch, sondern auch sonst? Wie, die will lieber kuscheln? Darf ich auch mal?" Um ein Haar hätte ich mich nicht zusammenreißen können und dem armen kleinen Lukas das Huhn aus dem Arm

geklaut. Vermutlich hätte ich aber eh keine Chance gehabt, Lukas und die dicke Berta waren nämlich Freunde. „Best Buddies“, wie seine Oma mir zwinkernd sagte. „Jedes Huhn ist anders.“

„Wieso habe ich keine Hühner?“, fragte ich mich leise murmelnd, sah bereits meine kleine Tochter und mich mit den Hühnern in unserem Garten und habe dann das Shetty behandelt, stets ein Auge auf die lustige, unterschiedliche und entspannte Hühnertruppe werfend. In meinem Kopf begann es leise zu rattern. Wo könnte ich einen Stall aufstellen?

Warum auch immer Sie dieses Buch in den Händen halten, ich vermute, Sie mögen Hühner. Nicht nur auf dem Teller. Vielleicht haben Sie ja bereits welche und wissen um die herrlichen Vorzüge der eigenen

Eier, der freundlichen Begrüßung morgens, die Lebensfreude und die Abenteuerlust mancher Hühner oder die Entspannung pur, die sie mit sich bringen. Vielleicht sind Sie auch erst einmal nur interessiert an der Hühnerhaltung und überlegen noch, ob Sie sich welche anschaffen sollen. Ich könnte Ihnen bereits jetzt sagen, dass sich das in jedem Fall und auf ganzer Linie lohnen wird, aber lassen Sie mich Ihnen Ihre Zweifel Stück für Stück nehmen und begleiten Sie mich, meine Familie, meine Freunde und die Hühner in unserem Garten durch dieses Buch hindurch. Vielleicht sind Sie dann auch vom „Hühnervirus“ infiziert und entdecken auch für sich ein neues Haustier. Eines mit besonderen Vorzügen. Eben das Huhn als liebenswertes Wesen, das viel mehr ist als nur ein Eier- und Fleischlieferant.

Hühner sind mal komisch, mal schlau, mal abenteuerlustig, mal schüchtern und ängstlich. Manche lieben es, hochgenommen zu werden, andere fliegen über den Zaun, nur um sich neben Sie auf die Terrasse zu setzen, andere sind pure Eigenbrötler. Aber alle sind sie Mut- und Muntermacher. Ja, richtig gelesen. Wenn Sie erst einmal morgens früh, noch verpennt und doch irgendwie schon genervt und gestresst sind und dann die Hühnerklappe öffnen und zusehen, wie sich die bunte Truppe nach draußen drängelt, voller Lebensenergie und guter Laune ins Leben stürzt, ganz gleich wie verregnet und blöd der vorherige Tag war, dann gibt es da einiges, was man sich abschauen kann.

Ein klein wenig Arbeit, etwas täglicher Aufwand, der sich wirklich im Rahmen hält, ebenso Anschaffungskosten je nach Aufwand wenig bis na ja ... und dafür aber sehr geringe Erhaltungskosten sind natürlich nötig; sie rechnen sich dennoch. Setzen Sie sich mal mit einer Tasse Kaffee oder Tee zu Ihren Hühnern und Sie werden therapiert, ohne dass Sie es merken. Sie kommen erfrischt und entspannt zugleich zurück. Nur vom Beobachten der Hühner, die fröhlich ihrer Wege gehen und all die kleinen Verrücktheiten anstellen, von denen ich Ihnen nun berichten werde. Sie werden sehen:

HÜHNER MACHEN GLÜCKLICH!

Hühner sind toll. Punkt.

Mit diesem Satz ist eigentlich schon alles gesagt. Hier möchte ich Ihnen dennoch einen kleinen Einblick in die Vielfalt, Schönheit und Eigenheiten der Hühner gewähren und Ihnen schon mal ein paar vorstellen:

Unser absolutes „Spezialhuhn" Sprotte. Eine Holländer Haube und irgendwie nicht von dieser Welt. Sie war von Beginn an sonderbar, aber immer sehr lustig und zutraulich. Sie genießt Menschennähe. Sie überlebte wundersamerweise einen Raubvogelangriff und wohnte zeitweise zur Pflege im Haus zu Homeschooling-Zeiten, sodass sie des Öfteren vor den Bildschirm hüpfte und zur Freude aller die Online-Stunden crashte. Auch wenn Besuch kommt, ist Sprotte jedermanns Liebling und immer für eine Showeinlage gut.

Cookie, eine Zwerg-Cochin-Henne. Sie ist eben einfach nur zuckersüß, wobei sie auch nicht zu unterschätzen ist. Neulinge in der Gruppe haben es anfangs schwer bei ihr.

Frau Schmitz, eine weitere Zwerg-Cochin-Henne. Sie ist nahezu dauerglucking, stets freundlich, aber immer etwas misstrauisch und flott verschwunden. Sie wird häufig gebadet, wenn im Winter die Federfüßchen voller Schlammkrusten sind. Ein Problem vieler befiederter Füße, daher streue ich Pinienrinde, Häcksel und Stroh in den Auslauf. Alle Hühner kommen super klar, nur Frau Schmitz liebt eben Matschlöcher. Sie und Erna sehen regelmäßig zum Fürchten aus.

Rosi, Bruni und Liselotte, meine drei „dicken Tanten“. Sie sind große Brahmas und zählen zu den größten Hühnerrassen der Welt, sind aber auch die gemütlichsten und freundlichsten unter ihnen. Sie stammen aus Amerika und ich liebe diese Ruhe, die sie ausstrahlen. Sie sind etwas erhaben, irgendwie majestätisch, außer sie machen ihre geliebten Sandbäder, dann fliegen der Dreck und der Staub meterweit und sie sehen aus wie Grufties.

Josefine, eine klassisch gelbe, sehr große englische Orpington-Dame. Immer freundlich, neugierig, eher ruhig und sehr zutraulich. Mit ihrem großen Petticoat-Plüschpopo kann sie elfengleich durch den Garten donnern. Wenn man sie auf dem Arm hat, stellt man fest, dass sie locker zu zwei Dritteln aus Federn besteht. Schwer ist sie trotzdem. Ich liebe sie einfach.

Der Chicken Drive, Funny und Herbert, ebenfalls zwei meiner lustigen kleinen Zwerg-Cochins asiatischer Herkunft. Immer beschäftigt, immer neue Missionen warten auf sie. Wie Federbälle rollen oder schießen sie durch Garten und Gehege. Man muss sie einfach gernhaben. Herbert ist hier Hahn im Korb und er liebt sie alle, seine kleinen und großen Hennen. Er sucht Leckerchen für seine Angebeteten (Frau Schmitz ist seine absolute Favoritin, aber auch die große Käthe und die Liselotte zählen zu seinen besonderen Lieblingen), ruft alle herbei und teilt dann mit ihnen die Köstlichkeiten.

Meine ersten Küken aus einer Kunstbrut: Major Tom, Nummer 5, Adele und Frau Mommsen. Sie bekommen ein eigenes Kapitel, denn das war das Aufregendste überhaupt.

Erna und Käthe, zwei deutsche Lachshühner französischen Ursprungs. Schwestern, die unterschiedlicher nicht sein könnten. Erna ist ein ruhiger Schmutzfink (hier zufälligerweise sauber, aber es kommen noch typische Erna-Bilder), Käthe jedoch redet nonstop, ist aber immer wie aus dem Ei gepellt und bei allem sofort dabei. Eine wahre Klatschtante, die sogar krähen kann. Wundertüte Huhn, doch auch dazu später mehr..

Frau Antje und Poffertjes, zwei holländische Barnevelder. Ebenfalls sehr unterschiedliche Typen, die eine flieht durch die Hecke nach draußen, stattet dem Raiffeisenmarkt nebenan Besuche ab und lässt sich kaum wieder einfangen. Die andere springt über den Zaun, um zu uns auf die Terrasse zu kommen und will auf den Arm. Sie sind die Flugfähigen bei uns ... Dafür legen sie nun seit Jahren viele Eier und sind dazu superhübsch, wie ich finde. Sie erinnern mich allerdings immer an ein Stoffmuster aus den 1970ern.

Gisela und Klara, die beiden Seidenhühner aus der Chaostruppe. Bei Sturm und Wind wird wie irre durch den Garten geflitzt und Regenwürmer vertilgt (denn nur Langweiler gehen bei Schlechtwetter in den Stall), um dann jammernd vor der Terrassentüre zu stehen ... Chaostruppe halt.

Big Mathilde, eine Amrock-Henne amerikanischen Ursprungs, riesig, schwer, schon älter und die Chefin hier. Eigentlich passt sie nicht in unseren kleinen Garten, sie ist auch nicht wirklich zutraulich, aber sie schlichtet Streit und ist sehr wachsam und warnt. Aufgaben, die unserem Zwerghahn Herbert manchmal über den Kopf wachsen. Daher darf sie bleiben.

Hedwig, das andere von den drei Seidenhühnern asiatischer Abstammung aus meiner Chaostruppe hier im Garten. Die Oma brachte sie mit, weil „Seidis ja noch fehlen in der Sammlung". Sie haben zerschlissene Federn, können daher nicht fliegen, aber verdammt schnell rennen und sehen auf der Wiese eher aus wie Kaninchen. Ich glaube, sie sprechen auch eine andere Sprache. Sie sind im Normalfall sehr zutraulich.

Hermine, die letzte übrig gebliebene Hybridhenne, eine Maran. Sie war ein Geschenk und legt ganz dunkle schokobraune Eier, ist ziemlich frech und eine Eigenbrötlerin. Sie ist inzwischen über vier Jahre alt, kerngesund und legt immer noch, was überaus selten für eine Hybridhenne aus der Massenzucht ist. Sie könnte fliegen, tut es aber nicht. Dafür isst sie alles. Wirklich alles. Auch Mäuse verschlingt sie am Stück ...

Frau
Mommsen

KAPITEL 1
DIE GESCHICHTE DES HAUSHUHNS

Eine Harvard-Studie besagt, der Vorfahre unseres heutigen Haushuhns ist ein Dinosaurier, genauer gesagt der T-Rex. Eine Proteinanalyse soll genau dieses ergeben haben und das wirkt jetzt erst mal nicht werbewirksam in meiner Hommage an das Huhn. Aber das scheint nun mal Fakt zu sein und wenn ich genau hinschaue, dann sehe ich sogar den kleinen Dino in meinen Plüschtanten.

Als Wildtier aus dem Dschungel kam das Huhn über Ägypten nach Rom. Hier in Europa war es das Haustier für jedermann. Es kam zwar nach dem Hund, der Katze oder auch dem Schwein, aber noch vor dem Pferd und dem Esel. Nach Charles Darwin ist das Bankivahuhn der direkte Vorfahre, ein Wildhuhn aus Asien, kleiner, graziler, aber bereits mit Kamm. Der Hahn typisch bunt und auffällig, die Henne wildfarben und unauffällig. Noch 6000 vor Chr. als Beutetier gefangen, wurde daraufhin versucht es zu domestizieren, was erfolgreich gelang. Auch durch die Hahnenkämpfe verbreitete sich die Zucht. Die Römer sollen sogar einen Brutautomaten entwickelt haben, der natürlich ohne Strom funktionierte. Viele Versuche zur Optimierung wurden damals schon gestartet, die ersten verschiedenen Rassen entstanden. Heute zählt man allein in Europa knapp 200 eingetragene Rassen, dazu

Frida, eine Sussex-Hybride aus unseren Anfängen mit den Hühnern. Eine gewisse Ähnlichkeit mag ja sein …

gibt es noch weitere zähe und hübsche Landhuhnrassen, die auf den Bauernhöfen durch Selbstvermehrung entstanden sind. Diese zeichnen sich durch Gesundheit, Robustheit, Genügsamkeit und eine hohe Gluckenbereitschaft (Brüten und Führen von Küken) aus. Aber auch in der Rassezucht wird das Augenmerk auf verschiedene Schwerpunkte gelegt: Es gibt Fleischrassen, die besonders schwer werden, oder auch die Legerassen, die eine enorm hohe Anzahl an Eiern legen (wie der Name bereits verrät), dafür aber deutlich leichter sind und daher auch viel besser fliegen können. Eine Mischung daraus nennt sich „Zwiehuhn“, es legt ganz gut an Fleisch an und dazu noch ordentlich Eier.
Im 18. Jahrhundert erlebte das Huhn dann eine Renaissance, es wurde schick, sich edle Hühner am Hof zu halten. Auf vielen alten Gemälden wurden sie prunkvoll dargestellt. Aber auch bei einfachen Leuten war das Huhn nicht mehr wegzudenken. Als Fleisch- und Eierlieferant leistete es gute Dienste, war dazu genügsam und versorgte sich größtenteils selber.
In den 60er-Jahren des 20. Jahrhunderts begann dann die Intensivtierhaltung und das Hybridhuhn wurde „erfunden“ (Entwicklung durch genetische Veränderung und Inzucht; die Firmen geben ihr „Rezept“ für diese Mischung nicht heraus). Es entstand ein Huhn mit enormer Legeleistung, welches sich allerdings leider schnell „verbraucht“, denn die enorme Eierproduktion fordert viel Energie und Kalzium. Circa 17 Milliarden dieser „Power-Hühner“ beliefern die Welt mit Eiern und Fleisch, wobei letzteres eher von den Masthähnchen stammt. Die meisten von ihnen werden nicht älter als ein Jahr, dann werden sie „ausgetauscht“. Zum Glück gibt es aber auch immer schon Hühnerbegeisterte und Hobby-Hühnerzüchter, die mit Hingabe die alten Rassen erhalten und auch für die ein oder andere neue Züchtung gesorgt haben. Somit gibt es eine Vielzahl an verschiedenen Rassen mit den unterschiedlichsten Eigenschaften, Ansprüchen und Charakteren. Es ist also für jeden Garten und jeden Geschmack etwas dabei: von flugfaul bis flink, von zahm bis wild, von zierlich bis mächtig prächtig. In den letzten Jahren ist das Interesse an der Hühnerhaltung hinterm Haus gestiegen. Das liegt sicher an dem wachsenden oder sagen wir lieber wiederkeh-

renden Bewusstsein für Nachhaltigkeit und dem Wunsch nach Selbstversorgung. Rückbesinnung ist ein großes Thema und Eltern ist es ein Anliegen, ihren Kindern wichtige Werte weiterzugeben.
Dann kam Corona und der Lockdown und noch mehr Menschen entschieden sich für ein neues Haustier und entdeckten das Huhn neu. Das Huhn „boomt" regelrecht zurzeit. Das hat natürlich viele Vorteile, bringt aber auch Enttäuschungen und Schwierigkeiten mit sich. Manche Tierheime laufen über mit Hühnern, viele Junghähne wurden ausgesetzt. (Wenn man die Hühner glucken lässt, gibt es natürlich Küken, sofern ein Hahn mitläuft. Es kommen dann niedliche Küken zur Welt, von denen meist die Hälfte männlich sind. Sobald die Küken älter werden, gibt es Balgereien und lautstarkes Krähen, das geht natürlich auf Dauer nicht gut.) Auch werden leider manche Hühner nicht artgerecht gehalten oder es wurden nicht passende Federtiere ausgesucht. Wie gesagt, die Rassevielfalt ist groß und stark unterschiedlich. Wenn sie den Garten verwüsten oder eben im Urlaub lästig werden, dann wurde im Vorfeld nicht ausreichend geplant. Aber damit das eben nicht passiert, möchte ich Ihnen ein paar Tipps für das gesunde, artgerechte und glückliche Zusammenleben mit Hühnern im eigenen Garten geben. Es ist nämlich kein Hexenwerk, man braucht kein Hühnerdiplom oder Ähnliches, aber reelle Planung und Freude am Tier sind doch sehr wichtig. Es macht Spaß und Hühner sind, wenn die Voraussetzungen stimmen, eben einfach toll.

Hühner im Garten bedeuten Entspannung pur, sie haben so etwas Beruhigendes an sich, sie machen einfach ihr Ding und sind oft sehr komisch dabei. Ihre Gelassenheit und ihr Frohsinn stecken an.

KAPITEL 2
AUFS HUHN GEKOMMEN ...

• WARUM WIR NUR PROFITIEREN KÖNNEN

Wie eingangs in der Einleitung beschrieben, war ich direkt fasziniert von dem Anblick der bunten Hühner und ihrer Ausstrahlung. Jedes einzelne hat einen eigenen Charakter, jedes Wesen ist für sich anders. Das eine ist schlau, das andere findet auch nach Wochen den Eingang zum Stall nur zufällig, manche sind wild und abenteuerlustig, andere extrem lieb und umgänglich. Manche sind wie Polizisten und schlichten Streit, andere verteidigen täglich vehement die Hackordnung, wieder andere sind einfach nur da und immer zufrieden. Aber alle sind gut drauf, sehr kommunikativ und lieben das Leben, suchen zusammen nach Leckereien, putzen sich gemeinsam nach dem Frühstück oder nehmen in großen Gruppen ein Sandbad in der kleinen Kuhle. Die große Kuhle bleibt dann frei, denn alleine macht es keinen Spaß. Die Gesellschaft der Hühner und das Beobachten machen glücklich. Das empfinde nicht nur ich so, sondern ich habe es schon viele Male von anderen Hühnerhaltern gehört, egal ob jung oder alt, ob Hühnerneuling oder Profi. Das Eier-Einsammeln aus den Heunestern erinnert ein wenig an Bullerbü, das Gegacker und möglicherweise das morgendliche Krähen an Ferien auf dem Bauernhof und die Henne, die zusammen mit ihrer Schar zufrieden im Gras nach Fressbarem sucht und gemütlich weiterzieht, vielleicht noch mit Küken im Gefolge, ist das Sinnbild der „heilen Welt“ oder der Ursprünglichkeit, nach der man sich in dieser hektischen Zeit immer mehr sehnt. Sie anzuschauen senkt den Blutdruck. Ich entspanne mich tatsächlich leichter, wenn ich im Garten Pause mache und dabei die Hühner umherlaufen. Mal schauen sie vorbei, aber meist machen sie ihr eigenes Ding, unbeirrt und zufrieden mit sich und der Welt.

Ein Kaffee bei den Hühnern ist wie eine Therapie.

Hühner sind wie kleine Buddhas, sie verströmen Zufriedenheit und Ruhe.

Hat man Hühner am Haus oder am Hof, dann ist natürlich auch das Frühstücksei gesichert. Zumindest meistens, denn in Zeiten der Mauser (Herbst) oder in der dunklen Jahreszeit gibt es weniger Eier. Manche Rassen sind Winterleger, sie legen auch in dieser Jahreszeit. Hühner sind für viele Leute auch Fleischlieferant. Besonders Selbstversorger wissen es zu schätzen, wenn sie vom Schlupf an die Tiere zufrieden und artgerecht aufwachsen sehen und kontrollieren können, was diese zu fressen bekommen. Ich könnte das nicht, aber das sei jedem selbst überlassen. Ob man die Hühner nun der Eier wegen oder vielleicht sogar als Fleischquelle hält oder einfach nur, weil man sie als nette Gesellen und unkomplizierte Haustiere schätzt, man wird ganz sicher nicht enttäuscht. Entschleunigung, Stressabbau, Gesellschaft beim Gärtnern, Begrüßung beim Betreten des Gartens, Unterhaltung und gute Laune sind dann täglich gratis. „Einem Garten ohne Hühner fehle die Seele", sagen manche. Ich kann das gut verstehen. Ein Huhn ist unkompliziert und passt zu jedem Stil. Grandios, oder? Wer zudem Kinder oder Enkelkinder hat, wird auch den pädagogischen Nutzen zu schätzen wissen. Verantwortung erlernen, Tierliebe und Respekt vor der Natur und Wertevermittlung sowie Wertschätzung der Nahrungsmittel sind die vier, wie ich finde nicht unwichtigen, Eckpfeiler der Nachhaltigkeit.

Der pädagogische Nutzen der Hühnerhaltung ist nicht zu unterschätzen.

Es ist also verständlich, dass immer mehr Menschen wieder auf das Huhn (zurück-)gekommen sind. 50 Quadratmeter reichen aus, um den Traum von drei bis fünf Hühnern zu verwirk-

lichen. Ein stabiler Stall und ein Zaun, gegebenenfalls auch ein Netz, müssen her, dazu ein paar Ausrüstungsgegenstände und dem „Glück mit Huhn“ steht nichts mehr im Wege.
Obwohl es natürlich dann doch ein paar Dinge gibt, die vorher durchdacht und abgecheckt werden müssen:
Wenn ich in einer Wohnsiedlung lebe, darf ich meist nur Hennen, aber keinen Hahn halten, auch die alleinige Legehennenhaltung ist nicht überall erlaubt. Daher vorher beim Ordnungsamt und gegebenenfalls beim Vermieter nachfragen, ob Hühner im Garten gestattet sind. Sollte dem nichts im Wege stehen, dann sind die Hühner beim zuständigen Veterinäramt und bei der Tierseuchenkasse zu melden. Hier wird eine Gebühr von circa 10 bis 15 € jährlich fällig. Sinnvoll ist es zudem, sich einem Geflügelzuchtverein anzuschließen, denn hier kann man sich bei der vierteljährlichen Impfung gegen die Newcastle-Krankheit (Impfpflicht!) anschließen. Kleinmengen davon für die eigene Handvoll Hühner beim Tierarzt zu bekommen, ist meist schwierig.
Es handelt sich hier um eine Impfung, die den Hühnern problemlos über den Trinkwassertopf verabreicht werden kann. Außerdem ist der Austausch mit anderen Hühnerbegeisterten immer wieder nett und mancher „alte Hase“ wird Ihnen mit wertvollen Tipps gerne zur Seite stehen. Auch ein Bestandsregister sollte man auf jeden Fall führen. Hört sich wild an, ist es aber nicht: Hier werden die Impfbescheinigungen abgeheftet und die Neu- sowie Abgänge notiert, auch Krankheiten und Behandlungen werden, sofern nötig, vermerkt.

Checkliste

- Ordnungsamt und Vermieter fragen
- Beim Veterinäramt und bei der Tierseuchenkasse melden
- Bestandsbuch führen
- Alle 3 Monate ist die Impfung gegen die Newcastle-Krankheit Pflicht. In Deutschland besteht für jeden (auch privaten) Hühnerhalter diese Impfpflicht.

In Ostfriesland haben selbst die Hühner einen Strandkorb.

KAPITEL 3
EINZUG DER ERSTEN HÜHNERDAMEN

• WARUM ES NICHT BEI FÜNF HÜHNERN BLEIBEN KONNTE

Nach einer kurzen, aber intensiven Planung (die noch Potenzial nach oben gehabt hätte, wie ich hinterher feststellte), war es endlich so weit: Ich hatte meinen Mann überzeugen und Opa mobilisieren können. Letzterer liebt Eierspeisen über alles und war gerne bereit, sich mit Spaten und Schubkarre an die Arbeit zu machen. Meine Tochter und ich lasen jede Menge Fachbücher, schauten viele YouTube-Filmchen (Happy Huhn ist hier ein sehr empfehlenswerter Kanal, leider bin ich erst später darauf gestoßen) und konnten uns kaum entscheiden, welche Hühner denn nun bei uns einziehen sollten. Später stellte sich heraus, dass das mit den Rassehühnern gar nicht so leicht war, denn so viele Rassezüchter gab es hier nicht und in das Abenteuer Kükenaufzucht wollten wir uns als Anfänger nicht gleich stürzen. Die Möglichkeit von Bruteiern aus einer Rassezucht gab es schon, aber Eier per Post zu erhalten fand ich damals noch seltsam. Auch ein stundenlanger Transport war uns anfangs suspekt.
So fiel unsere Entscheidung auf einen ansässigen Geflügelhändler ganz in unserer Nähe. Er verkauft seit vielen Jahren Hybridhühner in allen Farben, denn nicht nur das typische braune Huhn ist eine Hybridzüchtung, auch den Rassehühnern nachempfundene Farbschläge gibt es inzwischen. So konnten wir also fünf verschiedenfarbige Hennen aussuchen, denn dass wir sie unterscheiden können, war uns wichtig. Schließlich hatten wir auch schon Namensvorschläge gesammelt.
Eine Schwarze Bovan, eine Gesperberte, eine Braune und zwei Sussex-farbene, eine davon mit gelbem Schnabel und Füßen und eine mit fleischfarbenen Beinen hatten unser Herz erobert. Die Schwarze Bovan, unsere Agathe, kam damals sogar zielsicher auf uns zu. Sie war die erste in unserer Hühnergeschichte und später auch Chefin der Fünferschar.

Mehlwürmer aus der Keksdose. Oma und unser Hund Higgins mit unseren ersten Hühnern: Agathe, Amanda Lear, Frida, Lisbeth und Kokolores.

Weil wir ja nur ein paar wenige Hühner halten wollten, kam die Idee, für den Anfang einen kleinen Fertigstall mit Voliere zu kaufen. Mein Mann rümpfte die Nase und sollte Recht behalten. Fertigställe sind häufig aus dünnem Holz und nicht wirklich langlebig, wenn auch meist ganz gut durchdacht. Meine Tochter und ich fanden ihn toll, Leonie konnte anfangs sogar darin stehen und wollte am liebsten gleich dort mit einziehen. Wir begradigten unsere wilde Ecke im Garten, entfernten das Efeu (giftig für Hühner und mehr wuchs unter der Tanne und unter den Bäumen eh nicht), legten ein Gitter auf den Boden zwecks Ratten- und Marderschutz und sehnten die Fertigstellung herbei, hatten wir doch bereits, ungeduldig wie wir waren, mit dem Geflügel-

Unser erster Stall, ein Fertigbau mit Voliere. Rechts davon (hier nicht sichtbar) schloss sich das Freilaufgehege an.

händler telefoniert und einen Termin vereinbart.
Endlich war es dann so weit, Leonie und ich fuhren in freudiger Erwartung zum Geflügelhändler. Ein riesiger Korb mit Deckel wartete im Kofferraum auf seinen Einsatz.
Dort angekommen ging es dann auch gleich los. Wir schauten uns die verschiedenen Ställe an, Agathe kam wie gesagt schnurstracks auf uns zu und hüpfte als Erste in unseren Korb. Der Rest ging dann schnell. Amanda Lear (mein Vater durfte sich zum Dank für die Unterstützung beim Stallbau ein Huhn aussuchen und auch benennen ...), Frida und Lisbeth folgten, ebenso wie die gesperberte Kokolores, das Wunschhuhn meiner Tochter. Zu Hause angekommen, entließen wir unsere fünf neuen Mitbewohner in die Voliere, in der wir sie auch die ersten zwei Tage beließen. Sie sollten sich an die Außentemperaturen gewöhnen mit der Möglichkeit, dies geschützt vor Wind und Regen zu tun. Ein Außengehege von anfangs 50 Quadratmetern stand für sie bereit, dekoriert mit Sandbad, Wurzeln, Kletterstangen und Unterschlüpfen.

Und dann war es um uns geschehen. Das Hühnervirus hatte uns gepackt. Viele Stunden verbrachten wir draußen im Gehege mit ihnen, bekamen sie dank reichlich Mehlwürmern schnell zahm und Leonie brachte ihnen erste Kunststückchen bei.

Amanda Lear, Lisbeth, Frida und Agathe. Von Kokolores sieht man nur eine Feder.

Unser Hund Higgins fand das alles nicht so toll, war doch nun seine Lieblingstanne (Pinkelbaum) passé und noch dazu musste er „seine" Küchenabfälle, zum Beispiel Spaghetti, mit ihnen teilen. Wenn die Hühner dann unter unserer Aufsicht im ganzen Garten herumlaufen durften, zeigte sich zudem, wer Chef ist: die Hühner. Higgins war eben einfach immer zu lieb für diese Welt.

So verging über ein Jahr, bis wir es kaum ausgehalten haben und der Wunsch nach weiteren Hühnern immer größer wurde. (Mit „wir" sind immer meine Tochter und ich gemeint; sie ist genauso hühnerverrückt wie ich, der Rest der Familie mag Hühner auch gut leiden, ist aber nicht so süchtig wie wir.) Es gab nämlich einen Geflügelzüch-

Higgins inmitten der späteren größeren Hühnerschar. Geduldig und lieb wie immer wartete er brav auf seinen Anteil. Ein Spaghetto für Higgins, einer für die Hühner ... und so weiter ... Während Higgins brav sitzen blieb, flitzten die Hühner um die Wette, denn ein Spaghetto ist der Superwurm für die Hühner und jeder will ihn haben.

Unsere fast komplette erste Truppe Hühner beim Sonnenbad im Garten. Agathe war unterwegs.

ter am Niederrhein, der viele verschiede Rassen zur Auswahl hatte. PARADIES! Ein paar Worte, warum wir uns bewusst gegen weitere Hybridhühner entschieden haben, obwohl wir unser Quintett wirklich gernhatten:

Bereits nach einem Jahr begannen die Sussex-Hybriden Windeier zu legen, also solche ohne harte Schale, nur mit Eihaut. Das deutete auf Kalziummangel und sicher noch weitere Nähstoffmängel hin und dies trotz der sehr ausgewogenen Nahrung und Freilauf im Garten. Auch Amanda machte uns Sorgen: Es war schwer mit anzusehen, wie sie jeden Morgen ein enorm riesiges Ei aus sich herauspresste und sich sichtbar dabei quälte. Hybriden sind darauf gezüchtet, im ersten Jahr täglich ein großes Ei zu legen – zulasten der eigenen Gesundheit. Als Vergleich: Das Urzeithuhn legte circa 20 Eier im Frühling, um die Nachzucht zu garantieren. Ein Rassehuhn legt zwischen 40 und 250 Eier im Jahr, aber dafür jahrelang meist ohne Krankheitserscheinungen. Ein Hybridhuhn überlebt meist das erste Jahr nicht, da es dann als Fleisch- beziehungsweise Proteinlieferant weiterverarbeitet wird. Es verausgabt sich und wird zunehmend krank. Legedarmentzündungen und Knochenbrüche sind da nur einige Beispiele. Einem solchen Huhn kann man ernährungstechnisch gar nicht gerecht werden, wenn man es im Garten herumlaufen lässt. Es braucht täglich sehr hoch dosiertes Leistungsfutter, da ist kein Platz für Regenwurm und Gras im Kropf. Aber genau so wollten wir eigentlich Hühner halten: im Garten, glücklich im Gras und auf dem Misthaufen scharrend. Das war uns im Vorfeld aber nicht in diesem Rahmen bekannt, der Geflügelhändler gut besucht und viele Hühnerhalter machten das so. Man lernt eben leider manchmal erst rückwärts blickend. Aber welche sollten es denn nun werden? Die Qual der Wahl war furchtbar. So viele schöne Hühner! Aber für den Garten musste es ja passen. Eher ruhig, flugfaul, zutraulich und natürlich auch süß sollten sie sein. So weit die Theorie. In Büchern kann man ja viel über Rasseneigenschaften lesen, auch andere Hühnerhalter haben wir gefragt. Im Nachhinein nur so viel: Vorbereitung ist alles, die Praxis ist anders. Sicher sind die Richtwerte immer treffend. Aber jedes Huhn ist anders und selbst innerhalb einer Rasse gibt es noch mal Unterschiede. Es sind eben eigenständige Lebewesen. Aber dennoch hier von mir und aus meiner persönlichen Erfahrung heraus ein paar Eckdaten über Charakter und Eigenheiten der, wie ich finde, geeigneten Hühnerrassen für Hausgärten, Bauernhofgärten und Hinterhöfe. Die Liste ist natürlich nicht vollständig, ein Hühnerlexikon bietet weitere Informationen.

• Eine kleine Auswahl von potenziellen und geeigneten Hühnerrassen

1. Gruppe: Normale, hübsche Hühner, robust, meistens eher ruhig, können zutraulich werden, wenn sie wollen, genauso verhält es sich mit dem Fliegen: Die meisten könnten es, wenn sie wollen oder müssen, manche tun es gern, andere rennen lieber. Legeleistung guter Durchschnitt, können schon mal (eher selten) gluckig werden, das heißt sie sitzen irgendwann fest auf den Eiern und möchten Küken ausbrüten, was sie tun, wenn es einen Hahn in der Gruppe gibt und man sie lässt. Sie scharren ziemlich viel, also beim Freilauf im Garten entweder ein Auge darauf haben oder die Hühner als fleißige Gartengehilfen ansehen. Zudem können sie sich im Freilauf/großem Garten dadurch auch gut teilweise selbst versorgen und benötigen weniger Körnerfutter (außer zur Mauser oder im Winter natürlich).

Unsere Poffertjes, eine Barneveldерin aus Holland.

- **Barnevelder,** Ursprung Holland, circa 2,5 bis 3 kg, gute Legeleistung, robust, können ganz gut fliegen, freundlich, manchmal sehr zutraulich, quatschen gern, neugierig und eine Augenweide, finde ich.

- **Bielefelder Kennhühner,** Ursprung Deutschland, circa 3 bis 3,5 kg, ebenfalls gute Legeleistung und robust, können fliegen, machen es aber eher selten, weniger zutraulich, Geschlecht kann schon im Kükenalter bestimmt werden.

- **Marans,** Ursprung Frankreich, 2,5 bis 3 kg, legen viele schokofarbene Eier, robust, fliegen und glucken wenig.

- **New Hampshire,** Ursprung Amerika, 3 kg, legen sehr gut, eher flugfaul und glucken selten, ruhig und freundlich.

- **Amrocks,** Ursprung Amerika, locker 3,5 kg, gute Legeleistung, eher flugfaul durch ihr hohes Gewicht, robust und ruhig, weniger zutraulich, glucken eher selten.

- **Welsumer,** Ursprung Holland, das „Jedermannshuhn", robust, glucken eher weniger, können ganz gut fliegen, legen viele Eier.

- **Italiener, Exchequer Leghorn, Rheinländer, Sperber, Lakenfelder, Vorwerk** und **Ostfriesische Möwen** zum Beispiel sind eher die Abenteurer, sie sind flinker und fliegen gut, legen ordentlich und sind überwiegend sehr hübsch anzusehende alte Rassen, die auf den Höfen früher frei umherliefen.

Tarzan, ein Amrock-Junghahn, der zeitweise bei uns wohnte.

2. Gruppe: Flotte Landhühner, alte Schläge, die keinem Zuchtziel entsprechen, beziehungsweise nicht rassestandardmäßig gelistet sind und sich auf den Höfen selbst entwickelt haben.

- **Schwedische Blumenhühner**, bunt mit weißen Tupfen, flott unterwegs, können gut fliegen, sehr robust, abenteuerlustig, freundlich und neugierig, können zahm werden, werden oft gluckig, legen durchschnittlich.

- **Bayerische Zwerg-Landhühner**, sehen im Grunde aus wie die Blumenhühner in klein, können aber andere Kämme haben und sind vom Wesen genau so, wenn nicht noch flinker.

Unsere Rosi, eine porzellanfarbene junge Brahmahenne im Vergleich zu Gisela, unserer normal großen Seidenhuhnhenne (von beiden Rassen gibt es auch Zwergformen, die sind dann jeweils halb so groß, so zum Beispiel unsere Adele und Nummer 5, unsere Zwerg-Brahmas).

3. Gruppe: „Männerhühner“, die Giganten unter den Hühnern, sie gehören zu den Riesenrassen, fliegen beinahe gar nicht wegen ihres hohen Gewichts, wachsen eher langsam, legen auch nicht so viele Eier, sind sehr ruhig und sehr freundlich, brüten aber auch ganz gern. Sie benötigen ausreichend Auslauf und Stallfläche!

- **Jersey Giants**, aus Amerika, sie sehen aus wie hübsche, normale Hühner in Weiß, Schwarz oder Blau (Grau), sind aber doppelt so groß, wiegen bis zu 5 kg.

- **Brahmas**, ebenfalls aus Amerika, aber wohl ursprünglich asiatischer Herkunft. Sie haben einen so genannten Rosen- oder Erdnusskamm und befiederte Läufe, viel Plüsch am Po und sind die Ruhe selbst. Für Leckerchen können sie allerdings ziemlich schnell flitzen. Sie brüten gern, werden sehr zutraulich, legen eine eher durchschnittliche Menge an Eiern, die im Verhältnis zur Größe (sie wiegen locker 4 bis 5 kg) ziemlich klein sind.

4. Gruppe: Die nostalgischen Hühner. Es gibt viele alte Rassen, aber diese Hühner haben einen besonderen Charme. Auch sie sind ziemlich groß und benötigen ausreichend Platz.

- **Orpingtons**, plüschige Engländerinnen, sehr groß, bis 4 kg schwer, ruhig, freundlich, glucken gern, legen sonst aber ordentlich Eier.
- **Sulmtaler**, Herkunft Österreich, ähnlich schwer wie die Orpingtons, legen auch ganz gut, wenn sie nicht glucken, sind aber etwas flotter unterwegs und werden meist auch nicht so zutraulich. Dafür haben sie eine hübsche kleine Haube am Hinterkopf.
- **Altsteirer** sehen ähnlich aus und kommen auch aus Österreich.
- **Wyandotten**, Ursprung Amerika, meist aber in der Zwergrasse anzutreffen, in vielen Farben, mit Rosenkamm, sehr oft gluckig, eher ruhig und freundlich.

Josefine, eine gelbe (Buff-)Orpington-Henne.

Sissi, unsere ehemalige Sulmtalerin, die Prinzessin auf der Erbse.

Unsere liebe und redselige Käthe, ein deutsches Lachshuhn.

- **Sundheimer**, eine alte deutsche Hühnerrasse, auch sehr schwer, gemütlich, genügsam und robust. Auch diese Hühner werden gluckig und fliegen so gut wie gar nicht.

- **Deutsche Lachshühner**, ursprünglich aus Frankreich stammend, das typische „Patterson-und-Findus"-Huhn, mit Bart und befiederten Läufen, sehr freundlich und zutraulich, gemütlich und robust, auch ziemlich schwer. Hennen wiegen oft 3,5 bis 4 kg.

5. Gruppe: Die kuscheligen, wuscheligen oder besonderen Hühner-Rassen:

- **Zwerg-Cochins,** kleine Federbälle, die es nicht mal auf ein Kilo bringen, ruhige und meist zutrauliche Hühner, werden sehr oft gluckig, können ganz gut fliegen, legen nicht so viele Eier.

- **Seidenhühner,** auch als Zwergrasse gut geeignet, können nicht fliegen, sind beinahe dauerhaft gluckig, werden sehr zutraulich, schlafen, wie auch die Brahmas, nicht auf der Stange, sondern auf dem Boden oder in Nestern.

- **Paduaner Haubenhühner** und **Holländische Haubenhühner** sehen witzig aus, sind pflegeintensiver, dafür sind sie lustig und zutraulich, legen eher weniger Eier, fliegen so mittelmäßig. Haubenhühner sehen durch die Kopfbefiederung schlechter, da diese häufig das Gesichtsfeld einschränkt. Manchmal müssen die Augen etwas freigeschnitten werden. Auch sehen sie Gefahren nicht so schnell, daher sollte man sie nicht ohne Aufsicht auf großen Flächen halten, wo sie sonst schnell zur Beute werden können.

Zizzl, eine schwarz-weiß getupfte Zwerg-Cochin-Henne.

Das ist Erika, eine Paduaner-Henne, die sich gerne in Menschennähe aufhält und für viel Freude sorgt.

Ein junger Seiden-Zwerg-Cochin-Mix-Strupphahn (Herbert und vermutlich Klara sind die Eltern).

Eine kleine Bartzwerghenne, die sich leider gerade mausert, denn sonst wäre ihr Bart viel größer.

- **Araucana**, vermutlich aus Südamerika, sehr robust, fliegen auch sehr gut, legen grünliche Eier, haben rassebedingt keinen Stoß (Schwanz), sind neugierige und witzige Tiere.

- **Strupphühner** haben gekräuselte Federn, also welche, die verkehrtherum stehen, beziehungsweise wachsen. Es gibt diese genetisch veränderte Federung bei unterschiedlichen Rassen, so zum Beispiel bei Paduanern, Seidenhühnern, Zwerg-Cochins und anderen. Durch die Federstellung sind sie kälte- und nässeempfindlicher als andere Rassen.

- **Bartzwerge** wiegen auch unter einem Kilo, stammen aus Belgien und sind in vielen Federfarben zu sehen. Sie legen eher wenig Eier und brüten gerne. Die Hähne krähen viel. Aber durch ihren Bart und ihre witzige und zutrauliche Art sind sie einfach liebenswert.

- **Moderne Englische Zwergkämpfer**; sie gehören zuchttechnisch und von den Körpermerkmalen her zu den Kämpferrassen, sind aber alles andere als streitsüchtig. Sie sehen durch ihre aufrechte und schlanke Körperform sehr interessant aus, sind neugierig und extrem witzig, legen mittelmäßig viele und kleine Eier und können gut in Gruppen mit anderen Zwergrassen gehalten werden.

- Des Weiteren gibt es noch viele andere Zierhühner, so zum Beispiel die hübsche Langschwanzrasse **Yokohama**, die aufgeweckten **Ayam Cemani**, die komplett schwarz, inklusive Kamm und Haut sind, die süßen **Federfüßigen Zwerge**, die mit ihren befiederten Läufen wenig Schaden im Garten anrichten, oft gluckig, aber einfach zuckersüß sind. Wer Genaueres über die Charaktere und ihre Merkmale sowie weitere Rassen erfahren möchte, sollte sich an einen Geflügelzüchter wenden oder weiterführende Literatur lesen.

Ein Ayam-Cemani-Küken, welches mit zwei weiteren Küken zur Urlaubsvertretung zu uns kam. Das hier war Maddin, ein sehr vorwitziges, aufgewecktes und flinkes Kerlchen.

***Kleine Anekdote* zum Thema „Entspannte und ruhige Hühner“:**

An einem sonnigen Sonntagnachmittag saßen wir alle im Garten. Mein Mann, der schon eine ganze Zeit meine drei chilligen „dicken Tanten“ (die Brahmas) beobachtete, meinte versonnen zu mir: „Sag mal, riecht das morgens eigentlich schon mal merkwürdig, wenn du zum Stall läufst?“ – „Wie, merkwürdig? Nach Kacke?“ entgegnete ich. „Ne. Riecht das komisch nach Gras vielleicht?“ – „Gras?! Klar, da ist ja reichlich Heu in den Nestern …“ – „Mhhh.“ Mein Mann rieb sich die Stirn. „Nach DEM Gras. Guck Dir doch mal die drei an. Die rauchen doch bestimmt jeden Morgen hinterm Nest einen …“ Da fragt der mich, ob es morgens im Garten nach Gras riecht …?! (Okay, manchmal stehe ich etwas auf der Leitung.)

So sieht ein gesundes Huhn aus: glänzende Federn (Jungtiere glänzen allerdings nicht), roter Kamm, keine Kalkbeinmilben, klare Augen.

Worauf man beim Hühnerkauf achten sollte

Ziel sollte es natürlich sein, seine neuen Hühner bei einem seriösen Züchter zu kaufen, der einem wiederum noch gute Tipps geben kann und möglichweise auch später noch mit einem Rat zur Seite steht. Aber ob Sie nun bei einem Züchter, einem Geflügelhändler, auf einem Tiermarkt, in einer Tierhandlung oder vom Nachbarn kaufen, Sie sollten sich stets die Hühner in Ruhe anschauen können. Auch, wenn der Verkäufer (oft selbst erlebt) die Hühner aus der einen Kiste oder aus dem Stall einfängt und in Ihren Karton „stopfen" möchte. Lassen Sie sich Zeit, schauen Sie sich die Tiere vorher genau an.

Darauf sollten Sie achten:

- Die Tiere sollten einen roten bis hellroten (junge Tiere sind oft blasser, aber eben nicht käsig bis grau) Kamm haben

- Die Augen sind klar
- Aus den Nasenlöchern tritt kein Sekret aus
- Im Gesicht ist nichts geschwollen, das Huhn zeigt auch keine Schnabelatmung (bei Hitze ist das normal, aber trotzdem nicht schön und sollte nicht lange anhalten)
- Die Kloake und die Federn rund um den Po sind nicht verschmiert
- Das Federkleid ist geschlossen
- Das Huhn bewegt sich normal
- Wenn Sie unter die Federn schauen, finden Sie nichts, was krabbelt
- Das Huhn ist frei von Verletzungen
- Die Umgebung, der Stall und die Voliere oder das Gehege sind nicht (arg) verschmutzt und Sie haben auch kein ungutes Gefühl. Letzteres ist nicht zu unterschätzen!

Wenn Sie sich unsicher fühlen in der Beurteilung, bitten Sie jemanden, der sich auskennt, mitzukommen. Denn sich kranke Hühner in den Stall zu holen, ist kein Spaß. Wenn Sie bereits Hühner haben und kranke dazusetzen, dann stecken diese gleich ihre gesunde Truppe mit an.

Rosi, fit unterwegs mit gesundem Gefieder.

Eingliedern von neuen Hühnern in eine bestehende Truppe

Wenn neue Hühner einziehen sollen, gibt es ein paar Dinge, die es zu beachten gilt. Damit den Neuankömmlingen das Leben etwas leichter gemacht wird, kann man folgende Wege gehen, um sie friedlich und ohne Verletzungsrisiko zu vergesellschaften (nicht garantiert, denn letztendlich kann man nicht wissen, ob es zwischen den Hühnerpersönlichkeiten passen wird):

- Nie nur ein einzelnes Huhn in eine bestehende Truppe dazusetzen. Das geht äußerst selten gut, es sei denn, man heißt Berta und ist einfach so dreist, dass man selbstbewusst und ohne Angst durch das neue Gehege latscht, als wäre es das Natürlichste der Welt. Berta ignorierte die aufgeregten Hennen völlig, so dass diese wiederum fassungslos dastanden und sie machen ließen. Das habe auch ich erst einmal erlebt, Berta ist und bleibt ein Spezialfall, normalerweise geht das alles andere als harmlos ab, eine einzelne neue Henne bekommt normalerweise ordentlich Kloppe. Ein einzelner Hahn, sofern nicht schon ein anderer Boss da ist, hat bessere Chancen. Daher sollte man immer mindesten zwei Tiere vergesellschaften, so können sie gemeinsam das neue Gehege erkunden, sich gegebenenfalls zusammen wehren oder verstecken. Sie sind Verbündete.
- Man kann die neuen Hühner nachts zu den anderen in den Stall auf die Stange setzen. Wenn es dann morgens hell wird, sind sie bereits da. Hühner kann man auf diesem Weg „veräppeln", das klappt allerdings nicht immer. Diese Methode ist angeblich altbewährt. Ich bin auch schon einmal so vorgegangen und das lief gut, sehr gut sogar. Andere Hühnerhalter haben mir erzählt, dass das auch in die Hose gehen kann und dann früh morgens im Stall die Hackordnung geklärt wird, ohne dass die Neuankömmlinge Möglichkeiten zum Ausweichen haben. Ich denke, dass diese Methode besonders gut bei sehr ruhigen Vertretern, wie Brahmas, Orpingtons, Sundheimern, Lachshühnern usw. funktioniert. Bei Frühaufstehern und sehr bewegungsfreudigen, aufgeweckten Hühnern möglicherweise aber eben nicht. Vielleicht öffnet man da lieber sehr früh morgens

die Stalltüre, so dass die neuen Hühner hinauskönnen und man bleibt in der Nähe.

- Auch können Hühner tagsüber in den Stall gesetzt werden, damit sie ihre neue Schlafstätte und ihr Heim kennenlernen können und sie freiwillig den Weg nach draußen gehen lassen, damit sie außerhalb des Stalls auf ihre neue Truppe treffen und dann aber bei Tageslicht im Gehege ausweichen können. So habe ich es meistens gemacht und bin gut damit gefahren. Natürlich bleibe ich dabei und schaue mir an, ob sie zu sehr gejagt oder vielleicht sogar verletzt werden. „Mobbing“ kommt meist in den ersten Tagen vor, das ist für Außenstehende oft schwer mit anzusehen, aber so ist es eben, wenn neue Hühner sich eingliedern und ihren Platz in der Hackordnung finden müssen. Anfangs ist dieser Platz ganz unten. Nach ein paar Tagen kehrt Ruhe ein und die Hühner fühlen sich wohl.
- Die Hühner einfach mit dazusetzen. Mitten am Tag, mitten ins Gehege. Das ist ganz klar nicht meine Empfehlung, da die Neulinge abends so nicht den Weg in den Stall finden und Sie dann spät in der Dämmerung die Hühner einfangen müssen. Das macht weder Ihnen, noch den neuen Hühnern Spaß, glauben Sie mir. Zudem zerstört es die „Bindung“ zwischen Ihnen und dem Hühnerzuwachs. Sie werden viel größere Schwierigkeiten dabei haben, die Hühner zahm zu bekommen, da sie sich vermutlich an die Verfolgungsjagd mit Ihnen erinnern. Sie können noch so mit den verführerischen Mehlwürmern winken, die Hühner werden nicht kommen.

Berta, eine Tochter von Herbert und einer meiner Damen. Sie kam zu uns, weil sie als einzige kleine Henne unter großen bei einer Bekannten geschlüpft ist, die Bruteier von meinen Zwergen bekam, die sie mit anderen Bruteiern von großen Brahmas mischte. Sie sollte nicht allein unter den Riesen großwerden.

Schöner Wohnen für Hühner

KAPITEL 4
ZUWACHS IM HÜHNERSTALL

• BAU DES EIGENEN STALLS, GEHEGE- UND ZAUNPLANUNG

Die Zeit der Planung und Vorbereitung ist herrlich. So empfand ich es jedenfalls. Mein Mann, gelernter Schreiner, ahnte anstrengende Zeiten voraus, wollte aber auch keinen weiteren Fertigstall. Der neue Stall sollte größer und schöner werden, mit allen nützlichen Vorrichtungen und Vorteilen eines Eigenbaus. Außerdem stand die Qual der Wahl beim Rassegeflügelhändler an. Welche Hühner sollten es denn nun werden? Wenn man sich erst einmal eingehend mit den vielen Rassen beschäftigt, fällt es unfassbar schwer, sich nur auf eine oder zwei Rassen zu beschränken, zumal wir eine bunte Truppe haben wollten, bei der möglichst alle etwas unterschiedlich aussehen. Wegen der Namensgebung, Sie wissen schon. Jedes Huhn bekommt seinen eigenen Namen bei uns und auch die anderen Hühnerbegeisterten in der Verwandtschaft sprachen schon von Patenschaften. Da muss man die Federfreunde ja auseinanderhalten können.

Der Bauherr feiert Richtfest.

Also besorgte ich mir einschlägige Literatur zum Bau eines Hühnerstalls, um Vorlagen zu haben, die ich dann ganz begeistert meinem nicht ganz so begeisterten Mann zeigen konnte. Irgendwann einigten wir uns auf ein Modell, welches wir aber modifizierten und schließlich wurde es dann doch ganz anders, aber das war absolut zielführend. Mein Mann baute das Ganze stärker, größer und meine Wünsche für Fenster, Windfang und Innenausbau wurden auch mitbedacht. Teurer wurde es dann allerdings auch.

Der Stall maß nun über drei Quadratmeter Bodenfläche, stand auf Stelzen, was zusätzlichen bedachten Auslauf bedeutete und vor Bodennässe und Ungeziefer schützt. Er bekam eine Doppelwand, die wir aber nicht mit Isolierung auffüllten, drei Fenster, zwei stabile Lüftungsgitter (eines tiefer als das gegenüberliegende, zwecks Durchlüftung) und einen Windfang, damit der Stalleingang auch vor Nässe geschützt ist. Außerdem gab es eine große Tür für uns. Wir verwendeten OSB-Platten innen und außen montierten wir Holzlatten. OSB ist als Material für den Hühnerstall oft umstritten, da die Gefahr besteht, dass sich in den Ritzen und auch in den Fugen Milben verstecken. Ich habe innen aber alle Fugen geschlossen und ordentlich viel Kalk darauf gestrichen. Letzteres sollte man mindestens einmal jährlich wiederholen, damit das Klima gut und der Milbenschutz bestehen bleibt. Der Bau des Stalls war anstrengend, besonders für meinen Mann, denn ich stand ja die meiste Zeit als Hiwi nur daneben, reichte Schrauben und Wasserwaage, ebenso Kaffee und Akkuschrauber, hielt die Bretter beim Sägen fest und war gerne gesehene Kundin im Baumarkt. Zudem war es Anfang März noch echt fies kalt. Irgendwann konnte ich dann aber streichen,

Selberbauen ist anstrengend und zunächst kostenintensiver, lohnt sich auf lange Sicht aber umso mehr. Und man hat das, was man möchte.

Ordentlich gekalkt und eingerichtet. Es fehlten nur noch die Hühner.

Unser selbst gebauter Stall im fertigen Zustand.

in Hellblau mit weiß abgesetzten Fenstern und Rahmen – ein Hühnerstall, der perfekt in ein schwedisches Kinderbuch gepasst hätte.

Der Innenausbau ging flott, denn ich verwendete Nester aus Weinkisten; es wurden nur das Kotbrett und die Hühnerleiter eingebaut. Später habe ich dann noch zwei weitere Nester (Werkstattkisten aus Kunststoff) ergänzt.

Das Gehege wurde um mehr als das Doppelte erweitert, den zukünftigen Hühnern gehörte also der halbe Garten. Einmal außen rundum an der Hecke entlang, der Kirsch- und der Apfelbaum wurden integriert, ebenso Leonies Schaukel. Es wurde eine kleine Abdachung gebaut, als Wetterschutz und unter die wir regensicher das Futter stellen konnten. Eine große schwarze Kunststoffkiste diente als Futter- und Utensilienlager.

Endlich fuhren wir nun an den schönen Niederrhein und kauften unsere auserwählten neuen Federfreunde. Wir hatten uns für zwei Deutsche Lachshühner, eine Orpington, zwei Barnevelder, zwei Zwerg-Wyandotten und drei Zwerg-Cochins entschieden. Alles ruhige Vertreter, angeblich alle flugfaul. Letzteres wussten die Barnevelder aber nicht. Die Zwerg-Cochins waren anfangs noch so jung, dass wir sie im alten Fertigstall separieren mussten, während der Rest in den neuen Stall zog. Auch zwei Sulmtaler waren dabei, doch diese zwei Damen habe ich nach kurzer Zeit an eine Bekannte abgegeben. Sie waren zu flatterig und unfassbar scheu. Sie leben jetzt auf einem Bauernhof und sind dort zufrieden und besser aufgehoben. Schade, denn normalerweise sind diese Rassen ruhig und freundlich, aber wie war das doch gleich noch mit Theorie und Praxis?

Außerdem kam noch Sprotte hinzu, eine Holländer Haube, ein Geschenk eines Freundes, dessen Pferd ich behandelt hatte. Sie wurde der Star unseres Hühnergartens und ist es noch heute. Doch dazu später. Dann gibt es da noch Mathilde, unsere Amrock-Henne, ebenfalls ein Mitbringsel aus der Nachbarschaft, und die drei Seidenhühner, die vor circa einem Jahr zu uns fanden, beziehungsweise Oma fand sie und meinte, die würden noch in unserer Sammlung fehlen. Die Chaostruppe, wie ich sie nenne, wohnt separat im alten Stall, erstens, weil sie scheinbar eine andere Sprache sprechen und ihr Eigenleben führen und zweitens, weil sie es einfach nicht anders wollen. Wir haben alles versucht. Dann konnte ich in diesem Frühjahr nicht dem dringenden Wunsch meiner Tochter widerstehen und habe mich auf das „Abenteuer Küken“ eingelassen. Das bekommt aber ein eigenes Kapitel. Außerdem zogen kürzlich drei wunderschöne Brahmahennen ein, welche sich neben den Lachshühnern als meine Lieblinge entpuppten.

Ja, richtig. Inzwischen sind es 20 Hühner, denn wenn man sie richtig hält und fürsorglich pflegt, werden sie ganz schön alt und es gibt nur selten Todesfälle, die allerdings manchmal plötzlich und unerklärlich auftreten können. Die Zwerg-Wyandotte Holly zog auch aus, allerdings nur zu einer anderen Hühnerfreundin, die nichts gegen freche Glucken hat (Holly wurde zur Bestie, wenn man sie vom Nest nahm und wollte immer gleich „auf Kehle“, das konnte ich nicht verantworten, da oft Kinder im Gehege sind). Die andere wirklich freundliche Zwerg-Wyandotte und meine geliebte Zwerg-Cochin-Henne Zizzl verstarben plötzlich, vermutlich lag es am Herzen. Wenn es so schnell geht, kann es nicht an Parasiten oder zum Beispiel Kropfverstopfung liegen. Auch Legedarmvorfall oder Durchfall und andere Infektionen können zum Tode führen, welche sich aber leichter diagnostizieren und dann oft auch therapieren lassen. Dazu später mehr. Doch nun weiter in diesem Kapitel.

Der Zaun bestand zunächst aus einem mobilen Netzzaun. Den hatte ich noch und die Möglichkeit, den Zaun zwischendurch versetzen zu können, fand ich super. Allerdings sind dann später die jungen Zwerghühner ständig durch die großen Löcher in den Garten entwischt, was ja generell nicht das Problem gewesen wäre, allerdings fanden sie oft nur schlecht zurück und rannten wild und gackernd den Zaun entlang. Es musste also eine Lösung her und ich entschied mich für einen hübschen 1,20 Meter hohen Staketenzaun und besorgte zusätzlich engmaschigen Hasendraht für die untere Hälfte. Auch Pfähle und ein Tor besorgte ich. Opa fand die Idee ebenfalls toll, er war inzwischen unser bester Ei-Abnehmer und fand viel Freude an den Hühnern. Er beteiligte sich großzügig, aber bauen musste es natürlich wieder mein kopfschüttelnder Mann. Staketenzaun sei hübsch, das wäre aber auch alles, sagte er und brachte ihn dann aber doch sehr schön und ordentlich an, obwohl so ein Staketenzaun schon mal etwas störrisch in der Handhabung sein kann, wie ich hinterher feststellte. Aber diese

Einfach schön und praktisch: der Staketenzaun.

hübsche innere Umrandung war nicht nur was für mein „Klein-Bullerbü-heile-Welt"-Auge, sie ist auch der bestgeeignete Zaun, denn kein Huhn kann sich auf den Zaun setzen und dann flüchten.

Im Gehege wollten wir weiterhin viele Klettermöglichkeiten, ein Sandbad und diverse Unterschlüpfe bieten. Unter der Tanne war es nahezu immer trocken und dort war dann auch die Lieblingsstelle unserer Hühner. Hier haben sie sich eigene Sandlöcher gebuddelt, das schöne überdachte und von uns eigens für die Hühner gebaute Sandbad unter der alten Holzschaukel gefiel ihnen wohl nicht. Aber das geht vielen Hühnerhaltern so, habe ich gehört. Die Hühner suchen sich die Stellen selber aus. Basta.

Im Gehege bauten wir Paletten auf, stellten Kletterstangen und Wurzeln zur Verfügung und verteilten Steine, unter denen sich gerne Insekten und Würmer verstecken. Unter dem Trampolin und unter dem Holzhaus meiner Tochter hatten die Hühner zusätzlichen Sonnenschutz und waren vor Angreifern aus der Luft sicher. Die „Luftwaffe" hat es bisher leider schon zweimal versucht.

Unsere Brahmahenne Liselotte beim Sandbad im selbst gebuddelten Erdloch.

Hetti, gerettet aus den Fängen eines Habichts.

Einmal hatte es Hetti, unsere kleine Seidenhenne erwischt. Ich kam gerade noch rechtzeitig, um Hetti aus den Fängen des Habichts zu retten. Allerdings war ich selber eben erst aus der Dusche gestiegen und hatte es gerade mal zu Unterwäsche und Wollsocken gebracht. Im Gehege herrschte großer Tumult. Als ich aus dem Fenster schaute, sah ich direkt dem Habicht in die Augen, der mit einem Fuß auf meiner Hetti stand. Da überlegt man nicht lange, da rennt man los. Auch wenn man nur leicht bekleidet ist – in BH, Schlüpper und Wollsocken bis zum Knie. Erst als ich den Habicht erfolgreich vertrieben und Hetti im Arm hatte, schaute ich an mir runter. Dann nach rechts und links – keiner hatte mich durch die lichte Hecke hindurch gesehen. Puh. Dann schaute ich nach oben. Der Nachbar grüßte freundlich durchs Fenster. Ich lächelte achselzuckend und ging mit Hetti unter dem Arm im Stechschritt zurück ins Haus. Ihr war Gott sei Dank nichts passiert. (Der Habicht ist sofort getürmt, als ich wild schreiend, mit kreisenden Armen in meinem spärlichen Aufzug aus dem Haus gerannt kam. Entweder war er wirklich beeindruckt oder für immer traumatisiert. Egal.)

Hetti erholte sich schnell, genauso auch Sprotte, die in jungen Jahren von mehreren Krähen angegriffen worden war. Auch hier konnte Schlimmeres verhindern. Sprotte war nur leicht verletzt und nach ein paar Tagen dank guter Pflege schnell wieder die alte.

Bruni steht Schmiere. Hühner lieben Aussichtsplattformen.

Gisela versteckt sich unter der Palette, da Herbert gerade einen Warnruf ausgestoßen hat.

Wir haben dann zeitweise das Gehege unter den Obstbäumen übernetzt, um wenigstens an den großen offenen Stellen, wenn das Laub weg ist, das Eindringen von Habicht und Co. zu verhindern. Unter der Tanne sitzt seitdem eine Vogelscheuche (Klaus Klausen heißt sie, meine Tochter hat sie gebaut und bei uns bekommt eben alles einen Namen) und wir haben CDs und Windspiele aufgehängt. Seitdem ist Ruhe. Ich hoffe, das bleibt so.
Wir haben das Glück, nur wenige und dazu tolerante Nachbarn zu haben. Außerdem gab es hier auf der Meisenburg und in der Umgebung schon immer Hühner in den Gärten und auf den Höfen und die Häuser stehen weit auseinander. Das hat den Vorteil, dass keiner wegen des Krähens schimpfen kann, aber auch den Nachteil, dass ordentlich „Flugverkehr" der Greifvögel herrscht, weil hier so herrlich „Tote Hose" ist.

Die Nachbarn erfreuen sich an den Hühnern und noch viel mehr an der regelmäßigen Eierspende. Das ist generell ein guter Tipp: Verschenken

Sprotte steht auf der Türschwelle des Stalls; sie hat ein Ei gelegt und jeder, aber wirklich jeder, soll es wissen.

Sie Eier an die direkten Nachbarn. Sie werden sie lieben und vermutlich gerne mal über ein Hahnenkrähen oder „Nester-Besetzungskampf-Gackern" hinwegsehen. Letzteres steht der Lautstärke eines Krähens übrigens in nichts nach. Manche Hennen haben ein mächtiges Organ. Sie verkünden oft auch ein gelegtes Ei so laut, dass alle Nachbarn Bescheid wissen.

Sprottes Eierlied

Tipps für den Stallbau:

- Größer bauen als ursprünglich geplant!
- Fenster und Lüftungsgitter einplanen. Daran denken, dass die Lüftungsgitter stabil und fest sein müssen, da sonst von außen Marder und Co. eindringen können. Auch höhenversetzt müssen sie sein, damit die Luftzirkulation garantiert ist.
- Große Tür für leichten Ein- und Ausstieg wählen.
- Wer mit Holz baut, hat meist ein gutes Klima im Stall, sollte aber die Ritzen verfugen und regelmäßig kalken.
- Ausreichend lange Sitzstangen (Naturäste oder abgeschliffene Dachlatten), 25–30 cm pro Huhn einplanen, Großrassen benötigen deutlich mehr, bleiben aber manchmal auch auf dem Boden.
- Kotbretter anbringen, um die Reinigung zu erleichtern und die Bodeneinstreu zu schonen.
- Als Einstreu eignen sich Hobelspäne oder Leineinstreu, im Winter auch Stroh (im Sommer erhöht Stroh das Risiko für Milbenbefall).
- Als Nester eignen sich Weinkisten, Schubladen, Körbe, aber besser zu reinigen sind Plastikkisten oder Kunststofffuttertröge, die man auch aufhängen kann.
- Urgesteinsmehl auf dem Kotbrett und als Unterlage unter der Einstreu und im Nest sorgt für Geruchsbindung, kann Milbenbefall verhindern und ist gemischt mit dem Hühnerkot ein hervorragender Gartendünger. Auch im Gehege oder in der Voliere ausgestreut verbessert es den Boden.
- Wer Strom legen kann sollte LED-Lampen als Beleuchtung wählen, da Neonröhren oder andere Lichtquellen für Hühner unangenehm flackern.

Tipps für das Gehege:

- Man rechnet 10 Quadratmeter pro Huhn, wobei der Flächenbedarf bei einer größeren Gruppe nicht linear ansteigt. Für 10 Hühner können auch 80 Quadratmeter und für 20 Hühner 120–150 Quadratmeter reichen, wenn das Gehege gut strukturiert und regelmäßig gepflegt wird.
- Natürlich bleibt ein Gehege nicht lange grün. Der Boden leidet durch das Scharren sehr, daher mit Sand, Pinienrinde (schimmelt nicht so schnell wie Rindenmulch oder Holzhäcksel) oder Strohhäcksel befüllen. Gut ist auch ein regelmäßiges Auflockern des Bodens. Zu matschig darf es nicht werden, denn die Hühner brauchen trockene Stellen und Scharrmöglichkeiten!
- Mit Kletterstangen, Paletten, Wurzeln, Steinen und anderen Materialien für Abwechslung und Struktur sorgen. Obstbäume bieten Schutz, auch andere Sträucher, wie zum Beispiel Holunder oder Haselnuss wachsen gut im Gehege. Bei Nichtüberdachung Schutz- und Fluchtmöglichkeiten bieten!
- Überdachte Futterstellen sind wichtig, denn das Futter darf nicht verderben, muss aber jeden Abend weggeschlossen werden, um kein Ungeziefer anzulocken.
- Mehrere Trinkstellen einrichten, um die Wasserversorgung zu sichern. Es sind Umstülptränken und spezielle Tränkeimer aus Metall geeignet, diese müssen regelmäßig gereinigt werden.
- Sandbäder zur Verfügung stellen, vielleicht nehmen die Hühner es an. Ansonsten müssen sie die Gelegenheit haben, sich selbst welche in der Erde zu buddeln, da das Staubbad für Hühner sehr wichtig ist.
- Als Umrandung eignet sich der Staketenzaun, aber auch andere engmaschige und stabile Zäune, wenn sie hoch genug sind. Eventuell muss ein Netz über dem Gehege gespannt werden können oder man baut eine Voliere direkt an den Stall, wo die Hühner, wenn sie nicht beaufsichtigt sind, sich frei bewegen können. Die Voliere hat auch den Vorteil, dass die Hühner an die Luft können und mehr Raum zur Verfügung haben, wenn wieder Stallpflicht wegen der Vogelgrippe herrscht.

WIR SIND

M GARTEN

Ein Hahn ist ein Macho. Jedenfalls glaubt er das. So würde das Bild aussehen, wenn Herbert sich selber zeichnen sollte.

KAPITEL 5
OHNE HAHN GEHT, MIT HAHN IST ES ABER SCHÖNER

• HERBERT ZIEHT EIN

Es gibt viele gute Gründe, einen Hahn zu halten, aber einer spricht leider oft dagegen: die Nachbarn. Trotz vieler erfolgreicher Petitionen, die das Hahnenkrähen als Kulturgut ansehen, stellt es doch oft einen Störfaktor und Streitgrund dar. In Wohnsiedlungen bleibt daher gar nicht die Frage bestehen, ob man sich für oder gegen einen Hahn entscheidet. Leider, denn eine Schar Hennen ist mit Hahn einfach irgendwie komplett und macht das Bild runder. Dennoch sind Hennen auch ohne Hahn glücklich und zufrieden, ein Hahn ist kein Muss. Man läuft nicht Gefahr, dass angebrütete Eier dabei sind oder man ungeplanten Nachwuchs hat, wenn die Eier nicht täglich eingesammelt wurden. Gewöhnlich übernimmt eine Henne dann den Job des Aufpassers, auch hat man nicht den Eindruck, dass sie in irgendeiner Weise einen Hahn vermissen würden.

Wir haben nur sehr wenige direkte Nachbarn, der Rest wohnt weiter weg. Und unsere Nachbarn in der Nähe fanden die Idee gut, erinnerte es doch immer schon an ihre Kindheit, außerdem hat es hier auf der Meisenburg immer einen Hahn gegeben. Wir hatten in den ersten zwei Jahren dennoch keinen Hahn, bis auf einen Amrock-Junghahn (Tarzan), der kurzzeitig bei uns wohnte, leider zu frech wurde und daher ausziehen musste. Unser Bedarf war also zunächst nach dieser Erfahrung gedeckt. Dann aber kam eine Bekannte ins Spiel, die liebe Sandra. Sie hatte einen kleinen Zwerg-Cochin-Hahn „übrig“. Er war der Zweithahn und führte ein eher untergebuttertes Leben, doch seine Chance sollte kommen. Ich erzählte ihr von meinen Hennen, die sich

Herbert kurz vor seinem ersten Auftritt.

des Öfteren einen kleinen Zickenkrieg lieferten; die Hackordnung, war irgendwie nicht „in Schuss“. Es war kein Kampf, der bedrohlich wurde, aber stetiges Streiten in ordentlicher Lautstärke um Nester und Futter könnten die Lautstärke eines Hahns nicht unterbieten. So sagte es Sandra. Ihr kleiner hübscher Hahn würde den Streit sicher schlichten und es würde einfach Spaß machen zuzusehen, wie die Damen ihn anhimmeln werden würden. Ich bräuchte nur einen Hahn und schon sei Ruhe im Gehege. Also wagten wir uns erneut an das Thema „Hahn“, denn der Kleine sei sehr lieb und freundlich und zudem der Pubertät bereits entwachsen. Außerdem hatte sie mir ja auch Holly, die Terrorglucke, abgenommen ...

Wir fuhren zu Sandra und packten den „Colonel“, wie ich ihn zuerst nannte, in einen Transportkorb und ab ging es ins neue Heim, zu seinem neuen Harem. „So, Colonel, Du hast einen Auftrag, vergiss das nicht. Als Gegenzug hast Du 16 eigene Damen. Sieh zu!“, sagte ich ihm, als ich ihn in den Stall entließ, damit er sich seine neue Schlaf- und Wirkungsstätte in Ruhe ansehen konnte. Etwas eingeschüchtert war er schon – circa zwei Minuten lang. Dann krähte er mit voller Inbrunst und bekam natürlich direkt Antwort von seinen Damen, die ganz neugierig waren, wer denn da in ihrem Stall war. „Ein Mann??? Echt jetzt, ein Kerl? Hier?“ Manchen Damen war es total schnurzpiepe, andere waren sofort hin und weg. Herbert flitzte hinaus und sprang quasi kopfüber in sein neues Leben.

Er erwies sich als absoluter Gentleman. Er zeigt seinen Damen die Nester, besonders Junghennen begleitet er in der ersten Zeit des Eierlegens. Wie ein Lehrer chauffiert er die Damen zum Nest und holt sie nach erfolgreichem Eierlegen auch wieder ab. Allein das anzusehen und zu beobachten ist eine Wonne.

Herbert lockt seine Damen, denn ich habe die Nester frisch eingestreut.

Herbert lockt seine Damen

Auch wenn er Leckerbissen entdeckt und seine Ladies ganz aufgeregt zu sich ruft, ist das einfach goldig. Gibt es Mehlwürmer, nimmt er welche aus meiner Hand und legt sie seinen Lieblingsdamen vor die Füße. Er selbst frisst nur wenige.

Er beglückt sie auch regelmäßig, besonders morgens ist seine Manneskraft enorm und manche Damen flüchten vor so viel Testosteron und Tatendrang. Er warnt vor den Luftjägern wie auch vor Bodenfeinden, die in Form von Hunden oder Fremden sich dem Gehege nähern. Auch wenn ich laut niese, warnt er. Hmmm. Vielleicht wünscht er mir auch nur „Gesundheit", wer weiß das schon ...?

Er macht nur eines nicht: Streit schlichten. Seinem eigentlich geplanten Job geht er nur selten nach. Meistens steht er schimpfend und wild flatternd neben den streitenden Damen, wirkt aber ehrlich gesagt ziemlich hilflos. Nicht, dass es daran läge, dass die Hälfte seiner Damen auch um das Doppelte größer sind als er und er Muffe vor ihnen hätte. Die beglückt er nämlich genauso wie die kleinen Damen, nur nimmt er bei ihnen halt mehr Anlauf. Aber sich mit ihnen anlegen möchte er eben auch nicht. Herbert heißt er nun, denn irgendwie passte der Oberbefehlshaber nicht wirklich zu ihm. Mein Mann nennt ihn auch oft Louis de Funès, weil er so klein ist und so schnell durch die Gegend flitzt, dabei Haken schlägt und lustige Geräusche von sich gibt.

Herbert, stets wachsam und eine stattliche Erscheinung, auch wenn er noch nicht einmal ein Kilo auf die Waage bringt.

Herbert und Frau Schmitz – ein echtes Traumpaar.

Ein Hektiker kann er sein, denn 16 Damen müssen ja auch beaufsichtigt sein, doch entspannen kann er auch. Er schaukelt zum Beispiel gern. Erst krähen und dann chillen.

Meistens ist er jedoch der Sascha Hehn des Hühnergeheges. Herbert ist eher schnulzig veranlagt und sicher so etwas wie ein Schwiegermutter-Traum.

Herbert kräht und schaukelt.

Herbert, der Checker.

Herbert, der Chiller.

Herbert war fleißig ... Kükenalarm bei Susi, einer Freundin, die Eier von uns bekam.

Fruchtbar ist er außerdem. Sehr sogar – Herbert hat schon viele sehr hübsche Nachkommen mit Frau Schmitz, Fannie, Cookie, Klara, Hedwig und Gisela gezeugt. Ich habe nämlich öfter mal Bruteier verschenkt und die Befruchtungs- und Schlupfrate ist fantastisch.

Sein Krähen ist auch nicht allzu laut, es erinnert eher an Streichelzoo. Schließlich ist er eher klein, wo soll der Resonanzkörper auch herkommen? Soll heißen: Er stört keineswegs, beschützt und warnt seine Hennen und die Schar ist tatsächlich noch mal schöner anzusehen und zu beobachten, auch zum Beispiel wie Herbert mit seinen Lieblingsdamen flirtet. Für einen Lacher sorgt er zudem regelmäßig, besonders, wenn er mit Schwung auf Käthe oder Erna aufsteigt und diese dann die Flucht ergreifen – mit Herbert auf dem Rücken.
Die großen Hennen kann er natürlich nicht erfolgreich befruchten, aber das hält ihn nicht davon ab, es immer wieder zu versuchen. Teilweise sieht das „Treten" einer Henne (es heißt so, furchtbar irgendwie, oder?) sehr rabiat aus, manche Hennen werden regelrecht kahl davon auf dem Rücken. Daher sollte man pro Hahn locker fünf Hennen

rechnen, damit sich der Eifer eines Hahnes auf mehrere verteilt. Herbert hat jedenfalls noch keine Dame verletzt oder „kahl geliebt".

Es gibt so viele hübsche und freundliche Hähne, oft ist ihr Farbspiel im Vergleich zur Henne schöner. Sie passen auf ihre Damen auf, beschützen sie, lieben sie (jedenfalls die meisten. Herbert kann Frau Antje nicht leiden. Sie wird nie umsorgt, verwöhnt oder sonst was.); sie können sie auch durchzählen. Herbert zum Beispiel geht nicht zurück ins Gehege, wenn noch eine Henne fehlt. Er bemerkt das sofort. Oft ist es Erna, die unter dem Busch am Kompost noch verträumt nach Regenwürmern scharrt und mal wieder den Anschluss verpasst hat. Erst wenn man ihr eine Extraeinladung verpasst, geleitet Herbert sie als Schlusslicht zurück.

Ein Hahn, der anatomisch zur Henne passt. Die beiden habe ich beim Liebesspiel in der Öffentlichkeit auf dem Hof vom Grünen Markt in Schuir erwischt. Die Henne wollte unerkannt bleiben.

Ob nun mit Hahn oder ohne, Hühner halten lohnt sich. Mit Hahn ist es allerdings wirklich schöner, sofern es sich um einen freundlichen Hahn handelt. Es gibt Hähne, die nicht nur die Hennen schlecht behandeln, sondern auch welche, die ihre Menschen angreifen. Gerade in Haushalten mit Kindern ein No-Go.

Leonie und Herbert. Ein Hahn muss freundlich zu den Menschen sein. Dass er zahm wird ist kein Muss und eher selten.

Da haben wir schon selbst gebaut, doch trotzdem kann ich nicht aufrecht stehen. Notiz an mich: Der nächste Stall wird noch größer.

KAPITEL 6
TÄGLICHES MINI-WORKOUT

• GENÜGSAMES HAUSTIER MIT WENIGEN, ABER WICHTIGEN ANSPRÜCHEN

Im Durchschnitt benötigt man keine halbe Stunde pro Tag, um die Hühner ausreichend zu versorgen. Man kann aber auch stundenlang bei den Hühnern sitzen und im Gehege und Stall vor sich „her pröteln"– jeder so wie er mag. Zeitintensiv ist es also nicht, die Hühner artgerecht zu halten und glücklich zu machen. Man kann natürlich, wenn man die Hühner und sich selbst auch bespaßen möchte, die Latte etwas höher hängen. Zum Beispiel für regelmäßig Abwechslung durch Umbauten im Gehege sorgen, die Hühner unter Aufsicht in den großen Garten lassen und ihnen zuschauen, wenn sie wie die Kinder vor Freude durch das Grün flitzen.

Der Kirschensuch- und -sammeltrupp. Im Sommer gibt es einiges an Leckerbissen für die Hühner im Garten.

Poffertjes, unser selbstbewusstes Abenteurerhuhn, das völlig selbstverständlich ins Wohnzimmer latscht. Würde man sie nicht aufhalten, ginge sie bis in die Küche.

Der Kompost wird gleich mit umgegraben und Schnecken aus den Gemüsebeeten gefischt. Das Gemüse oder die Blumen sollten aber vor ihnen beschützt werden, denn sonst ist da bald Steppe. Aber auch hier gibt es Unterschiede: Manche Rassen sind kleine Zerstörer oder planen möglicherweise eine feindliche Übernahme und dringen völlig selbstverständlich und dreist ins Haus ein. Poffertjes zum Beispiel habe ich des Öfteren dabei erwischt, wie sie selbstbewusst an uns vorbei in das Wohnzimmer latschte. Fehlt nur noch, dass sie uns dabei grüßt.

Manche dagegen interessiert es Hupe; sie wollen einfach nur etwas Gras knabbern und entspannt die andere Umgebung checken, bei den Menschen auf der Terrasse nach Leckereien Ausschau halten oder ein Sonnenbad nehmen. Meine Brahmas zum Beispiel, aber auch die Seidenhühner und die Zwerg-Cochins, sind solche Rassen, die sehr freundlich mit meinen Pflanzen umgehen. Auch wenn man Köstlichkeiten oder zum Beispiel eine Mauser-Kraft-Mischung (dazu später mehr) für die Hühner zubereitet und diese dann den vor Freude ausflippenden Hühnern kredenzt, kann man schon mal länger bei ihnen verweilen.

Dennoch, die Liste der täglichen Arbeiten ist überschaubar:

- **Saubermachen.** Da ich direkt unter den Sitzstangen die Kotbretter angebracht habe, geht das ziemlich flott. Man braucht ein Kratzschäufelchen sowie ein Kehrblech und

die Sache ist in einer Minute erledigt. Um aus dem Hühnerkot einen guten und nicht riechenden Gartendünger zu machen, habe ich Urgesteinsmehl auf die Kotbretter gestreut. Beim Absammeln des Kots, der dadurch nicht mehr fies riecht, wird dieser mit dem Urgesteinsmehl vermengt und – et voilà! – hat man einen tollen Dünger, der auf dem Kompost vor sich hin verrottet und prima den Boden verbessert. Das Klima im Stall ist außerdem auch um ein Vielfaches besser, denn auf diese Weise beißt einem morgens kein Ammoniakgeruch frech in die Nase und die Hühner leiden auch nicht die ganze Nacht darunter. Durch das tägliche Reinigen habe ich stets eine Kontrolle über die Gesundheit der Hühner und erkenne Krankheiten wie Durchfall oder Wurmbefall sofort.

Kleinvieh macht auch Mist. Hühnerkot plus Urgesteinsmehl „vergoldet“ den Dünger.

- **Die Nester kontrollieren.** Manchmal sind schon Eier darin, die ich gleich einsammle. Aber es gibt auch Hühner, die schlafen gerne im Nest und koten hinein. Das muss dann sauber gemacht werden, allein schon damit die Eier nicht verschmutzen. Im Herbst, zur Zeit der Mauser, landen natürlich auch reichlich Federn darin. Das kann Ungeziefer anlocken. Federlinge lieben Federn und ernähren sich von ihnen. Braucht kein Huhn.

Dreckiges Nest voller Federn. Es muss dringend gesäubert werden und braucht neues Heu.

- **Die Einstreu kontrollieren.** Da reicht ein Umherschweifen mit den Augen, denn die Hühner bleiben meist nachts still auf den Stangen sitzen und koten brav auf die Kotbretter. Nur selten fällt mal etwas daneben. Lose Federn entnehme ich direkt. Als Einstreu eignen sich, wie bereits im Kapitel Stallbau erwähnt, Hobelspäne, Leineinstreu oder im Winter auch Stroh. Je nach Wetter und Verschmutzungsgrad entnehme ich die komplette Einstreu circa jeden Monat und streue neu ein.

Ein Tränkeimer aus Metall. Hier kann das Wasser nicht so schnell verschmutzen, wie in offenen Gefäßen.

- **Die Tränken säubern und neu befüllen.** Die Hühner benötigen stets sauberes und frisches Trinkwasser. Es eignen sich Umstülptränken, Tränkeimer oder andere Geflügel-Tropftränken.

- **Futter auffüllen und rausstellen.** Auch die Futtertröge werden kontrolliert und gegebenenfalls gesäubert. Als Futter eignet sich ein gutes mineralisiertes Legepellet (hier können sich die Hühner nicht ihre Lieblingssachen rauspicken und das Mineralfutter bleibt dann liegen), das zum Schutz vor Feuchtigkeit und Regen in einer Futtertonne gelagert wird. Das Futter im Gehege muss über Nacht zudem weggeschlossen werden, da sich sonst Mäuse, Ratten und Co. nachts die Bäuche vollschlagen und sich dauerhaft wohnlich einrichten. Weitere Futterarten sind Legemehl oder reine Körnermischungen. Letztere sind oft nur mit Muschelschrot angereichert, aber nicht mineralisiert, das heißt sie reichen nicht als Alleinfutter, sondern sind nur Beiwerk und werden meist abends im Gehege verstreut (ein paar Handvoll reichen), da sie den Kropf über Nacht schön füllen.

Legemehl

Legepellets

Körner-Mix mit Muschelschrot

Es gibt noch weitere Futtersorten. Das Angebot ist groß und für jeden Geschmack ist etwas dabei. Mir ist es wichtig, dass es nicht gentechnisch verändert und ausgewogen ist. Manchmal kaufe ich auch Zusätze mit getrocknetem Obst und Blüten, denn ich möchte ja meine Federtiere gerne verwöhnen. Das ist kein Muss, macht aber Spaß.

- **Gesundheits-Check.** Jeden Tag schaue ich mir meine Hühner an. Nicht immer jedes Einzelne, aber mir fällt schon auf, ob eines in der Ecke hockt, den anderen hinterherhumpelt oder aufgeplustert auf der Stange sitzen bleibt. Ich schaue, ob die Kämme alle schön rot sind und nichts angeschwollen ist oder horche, wenn ich etwas Auffallendes beobachte, ob es

Versorgter Ballenabszess mit Zugsalbe und Tape. Josefine war schnell wieder gesund.

Nummer 5 war mal ein paar Tage nicht gut drauf. Es war aber nichts zu sehen, außer dass er für ein oder zwei Tage etwas humpelte. Die Gelenke ließen sich durchbewegen und es war nichts geschwollen. Er bekam ein pflanzliches Schmerzmittel und war rasch wieder fit. Glück gehabt! Gut, wenn man das Huhn leicht hochnehmen kann, um es stressfrei untersuchen zu können

Atemgeräusche gibt. Hühner können nämlich auch Schnupfen bekommen oder Schlimmeres wie Influenza oder Pilzbefall. Abszesse oder Legedarmvorfälle sowie Kropfverstopfung stehen auch noch auf der Liste der typischen Hühnerkrankheiten. Wir hatten bisher viel Glück. Josefine, unsere goldene Orpington, hatte mal einen Ballenabszess, den ich aber selbst mit Zugsalbe und Verband hinbekommen habe.

Es ist ratsam, sich frühzeitig um einen vogelkundigen Tierarzt in der Nähe umzuschauen. Leider nehmen nur wenige Hühnerpatienten an und wenn man dann erst einmal ein Notfallhuhn im Arm hat, ist es gut zu wissen, was man nun tun kann. Zum Gesundheits-Check zählen: Gefiederkontrolle, Krallen- und Fußkontrolle, Atemgeräusche-Check und Ertasten von Kropf (schön gefüllt mit Körnern sollte er sein) und Brustbein (sollte schwer zu ertasten sein, da das Huhn sonst zu dünn ist). Auch sollte im Gesicht nichts geschwollen sein und nirgends Ausfluss bestehen. Bei Rassen mit viel Plüsch schaue ich unter den Flügeln, am Hinterkopf und an der Kloake gerade bei feuchtwarmem Wetter beinahe täglich nach, um einen Befall mit Federlingen oder anderen Parasiten auszuschließen.

- **Mittags oder spätestens am Nachmittag Eier einsammeln.** Ich lasse die Eier ungern in den Nestern, da ich ja auch sehr brutfreudige Hennen habe, die sich sonst zu gerne daraufsetzen und die Eier anbrüten. Das möchte ich keinesfalls. Das ist übrigens ein Superjob für die Kids, es macht ihnen viel Spaß und es ist jeden Tag ein klein wenig wie Ostern.

- **Nachmittags oder abends das Gehege harken oder die sichtbaren Köttel einsammeln.** Ich benutze dazu einen kleinen Mistboy aus dem Reitsportbedarf, das ist rückenschonender. Wenn das mal einen Tag nicht gemacht wird, ist es kein Drama, ich sehe aber immer zu, dass es erledigt wird, denn sonst leidet der Boden sehr und es ist zudem unhygienisch und wenn es regnet wird es fies matschig.

Da man nun aber eben nicht jeden Tag da ist, weil man vielleicht ein paar Tage Urlaub hat oder geschäftlich unterwegs ist, ist es von Vorteil, wenn man sich frühzeitig um Vertretung kümmert. Diese sollte in das Hühnerbesitzer-Mini-Workout eingearbeitet sein und keine Berührungsängste haben. Die Eier als Lohn und ein Mitbringsel von der Reise sind selbstverständlich als Dankeschön fürs Hühnerhüten.

Opa ist ein Hühnerversteher und liebt Eierspeisen. Hier liegt er mit der noch jungen Sprotte im Garten.

Opa und die Hühner

Unsere Vertretung heißt Opa!

Er ist der perfekte Hühneraufpasser. Wenn wir in den Urlaub fahren, zieht er so lange bei uns ein, genießt den Garten und hütet die Hühnerbande. Meine Tochter Leonie macht mit ihm jedes Mal einen Laufzettel für die anstehenden täglichen Aufgaben. Leonie diktiert, Opa schreibt auf. Inzwischen kontrollieren wir das auch, denn Opa schreibt nur Minimal-Kurznotizen. Das führte dann in der Vergangenheit zu spannenden Begebenheiten. Mal wurden Hühner neu in andere Ställe sortiert, mal das falsche Huhn entgluckt. Aber bisher ist immer alles gut gegangen und keiner zu Schaden gekommen. Ich bin ihm wirklich sehr dankbar.
Obwohl … es musste doch schon mal jemand leiden: meine Bratpfanne. Und das war so: Um meinen Junghennen das Eierlegen am richtigen Ort beizubringen und die anderen Hennen zum Eierlegen zu motivieren, habe ich (wie viele andere Hühnerhalter auch) Kunsteier aus Gips oder Hartkunststoff in die Nester gelegt. Leonie hatte Opa das gesagt und auch gezeigt, aber er hatte nur abgewunken, weil das würde er ja sehen, er sei ja nicht plemplem. Also keine Notiz gemacht und schwupps war es vergessen. In den nächsten Tagen entnahm Opa dann wie ihm geheißen die Eier aus den

Nestern, legte alle brav wegen der hohen sommerlichen Temperaturen in den Kühlschrank. Als Eierspeisenfan gab es natürlich täglich abwechselnd Omelett, Rührei, Spiegelei oder gekochte Eier. Bei einer Spiegelei-Bratsession gab es dann ein Problem: Die Eier gingen nicht kaputt. Jedenfalls ein paar nicht. Egal wie fest er sie auch auf dem Rand aufschlug. Mit aller Gewalt war da nichts zu machen. Meine Bratpfanne (die kleine leichte, mit der großen wäre das nicht passiert) sah schon etwas traurig aus. Dann fiel es ihm doch wieder ein und Opa stand allein in meiner Küche, sah die Ecke in der Bratpfanne und schlug sich vor Lachen auf die Oberschenkel.

„Die Hühner bekommen nichts vom Tisch!" Opa: „Nö, nö ..." Ich sehe die Hand mit dem Brotkrümel. Sie auch?

Unsere Kunsteier sind seitdem markiert.

Es gibt auch noch weitere Kollateralschäden, wenn man Opa und Oma die Hühner anvertraut. Nichts Schlimmes oder so. Nur verwöhnte und bettelnde Hühner, die vor nichts Halt machen. Meinen Hund Higgins haben sie ja damals auch nach Strich und Faden verwöhnt (soll ja auch so sein) und Großeltern wären keine echten Großeltern, wenn sie ihre Liebe und das Verwöhnenwollen nur auf das Enkelkind und nicht auch auf den gesamten Haustierbestand beschränken würden. Wenn die Hühner frei umherlaufen, ist das toll. Aber wenn wir auf der Terrasse essen, möchte ich das ohne Hühner. Der Hund saß schon einst sabbernd unterm Tisch, wenn Oma und Opa da waren, nun sind es die Hühner. Sie sabbern nicht, okay. Aber sie sind penetranter.

Bei Frau Mommsen ist ein Labrador mit drin. Sie ist immer hungrig und sie hat dreistes Betteln auch drauf.

Jeden Tag ein
Geschenk ...

KAPITEL 7
EI, EI, EI … GESUND UND SCHMACKHAFT

• EIN PAAR TIPPS FÜR LECKERE EIER UND WARUM GEKAUFTE EIER PLÖTZLICH NICHT MEHR SCHMECKEN

Sie werden es spätestens nach dem ersten eigens aus dem Nest geholten und selbst zubereiteten Ei wissen und verstehen: Die Eier der eigenen Hühner sind top, also das Beste. Abgesehen davon, dass es regionaler und ökologischer nicht geht, sind sie unglaublich schmackhaft.
An die Wirtschaftlichkeit verschwenden wir Hühnerliebhaber besser keinen Gedanken, denn wir halten unsere Hühner ja wegen der Idee selbst. Eier sind toll und lecker, aber ein Huhn, das aufgrund des Alters nur noch wenige Eier legt, darf ja trotzdem noch bleiben. Meistens jedenfalls.
Hühner, die gerade mausern, was gewöhnlich im Herbst geschieht, legen keine Eier. Auch solche, die krank oder schwach sind und Nährstoffmängel aufweisen, nicht.
Glucken sowieso nicht. Aber damit es nicht zu Mangelerscheinungen kommen kann und die Mauser schnell und ohne große Schwächeerscheinungen überstanden wird, gibt es bei uns regelmäßig etwas Leckeres und Gesundes für die Hühner dazu. Je nachdem, was meine Küche gerade so hergibt oder was wegmuss, mixe ich in einer Schüssel verschiedene (Kraft-)Mischungen.

Meisenburgs` Happy Hühner – Supreme Eier aus all-inclusive Haltung.

Da ist dann zum Beispiel Hüttenkäse, Haferflocken, geraspelte Zucchini und oder Möhren drin. In der Mauser gibt es oft noch Bierhefe für die Federentwicklung und ein Mineralfutter dazu. Stets gebe ich einen Schuss Öl und, wenn ich habe, Oregano oder Thymian gehackt oder zur Not getrocknet hinzu. Diese Kräuter sind wahre Fitmacher, sie wirken leicht antibiotisch und antiviral, stärken die Abwehrkräfte und die Hühner lieben sie. Wenn sie mal länger nicht in den Garten können, gibt es Salat oder Gurken im Gehege oder ich steche Grassoden aus und meine Tochter pflückt Löwenzahn für sie.

Wer schmackhafte Eier möchte, egal ob von Riesen- oder Zwerghühnern, der muss etwas Leckeres zufüttern.

Das ist alles kein Muss, ich bilde mir aber ein, dass dadurch die Eier einfach sehr gut schmecken. Die Familie und Bekannten sind der gleichen Meinung. Es muss ja nicht diese volle Palette der Köstlichkeiten sein, aber die Hühner feiern solche Zugaben sehr und das wiederum macht unheimlich Freude. Außerdem sorgt es für eine willkommene Abwechslung. Ein Schuss Apfelessig im Trinkwasser zur Immunsystemstärkung ist auch ein guter Tipp, den ich mal von einem Hühnerprofi bekommen habe.

Löwenzahn ist ein Geschmacksbooster, aber auch ganz normales grünes, frisches Gras macht das Eigelb schon dunkel und die Eier schmackhaft.

Wenn sie mich schon mit der Schüssel aus der Terassentür kommen sehen, ist Aufregung und wildes Umherrennen angesagt. Jeder will den ersten Happen.
Wenn ich pfeife, kommen sowieso alle angerannt; sie sind auf diesen einen Pfiff regelrecht konditioniert. Das ist praktisch, besonders wenn ich sie wieder aus verbotenen Ecken locken oder von irgendwo außerhalb des Geheges wieder einfangen muss. Pfeifen Sie einfach eine bestimmte Melodie, wenn

Sie Köstlichkeiten wie Mehlwürmer oder Salat mitbringen. Keine drei Mal und die schlauen Hühner haben es kapiert.
Mehlwürmer und Quark oder Hüttenkäse sind willkommene tierische Proteinquellen, auch Kalzium enthalten sie, welches sie dringend für die Schalenproduktion benötigen. Hühner fressen auch gerne Schnecken, Regenwürmer und andere Insekten, aber nicht jedes Gehege ist so konzipiert, dass dort immer ausreichend Lebendfutter für die Hühner zu finden ist. Daher sollte man ihnen diese Snacks regelmäßig, aber immer nur in kleinen Mengen, gönnen. Nudeln oder Obst sind als Snack erlaubt. Auch gekochte Kartoffeln sind beliebt. Achten Sie aber darauf, dass diese nicht oder wenn wirklich nur ganz minimal gesalzen sein dürfen. Hühner fressen auch Mäuse. Am Stück. Kopf voran. Sieht ziemlich fies aus und man erinnert sich sofort völlig angegruselt an die Verwandtschaft mit den Dinosauriern. Daher ist regelmäßiges Entwurmen wichtig – auch Schnecken übertragen sie. Pflanzliche Entwurmungsmittel sind super, aber sollten Sie Befall im Kothaufen sehen, müssen Sie spätestens jetzt mit chemischen Mitteln helfen.

Mit Mehlwürmern bekommt man jedes Huhn zahm. Hier meine damals noch neuen und jungen Brahmadamen, die Liselotte, die Rosi und die Bruni.

Poffertjes und Liselotte können ihr Glück kaum fassen: Eine ganze Schüssel Nudeln!

Wenn Leonie mit der „Verwöhnmischung“ kommt, ist das Gedränge groß.

Unser damals allererstes eigenes Ei, das uns Agathe geschenkt hatte: Was für eine schöne versteckte Botschaft.

Wissenswertes über das Ei

Das Ei enthält laut Wikipedia nur 155 Kalorien pro 100 Gramm (ein Durchschnittsei hat circa 58–60 Gramm), es beinhaltet zudem viel Protein (13 Gramm) und Kalzium (50 mg) sowie Eisen (1,2 mg) und Magnesium (10 mg). Auch die Vitamine A, B, D und E sind enthalten, sowie Spuren von Selen und Zink. Natrium (124 mg) und Kalium (126 mg) sowie 11 mg Fett sind auch noch drin. Das böse Cholesterin ist zwar ebenfalls dabei, fällt aber gar nicht so ins Gewicht, wie einst behauptet, da eben auch sehr viel Gesundes im Ei versteckt ist. Das gute Lutein (Antioxidans) spricht für sich. Kohlenhydrate sind auch Mangelware.

Also spricht sehr viel dafür, regelmäßig Eier zu essen. Ob es gleich so viele sein müssen wie Opa sie verputzt, weiß ich nicht, aber ihm geht es ganz gut, was soll ich sagen ... Das sättigende Eiweiß im Ei hilft zudem bei Diäten und die enthaltenen Aminosäuren schützen und stärken unter anderem die Muskulatur. Lecithin stärkt die Nerven und hilft bei Stress, auch daran hat das Huhn bei der Eierproduktion gedacht. Und eine neue Studie hat ergeben, dass das Eigelb die Aktivierung von Blutplättchen anregen soll, welche das Risiko für Herzinfarkt und Schlaganfall senken kann. Noch ein großer Pluspunkt für die Hühner im eigenen Garten, oder?

Es ist täglich ein bisschen wie Ostern, wenn man zusätzlich Rassen wie Marans hält, die diese Schokoeier legen, oder die Grünleger wie Araucana oder Creme Legbar.

Die Eier sind vier Wochen im Kühlschrank haltbar, zudem sollte man sie mit dem Kopf, also der spitzen Seite nach unten lagern, da dann die Luftkammer oben liegt. Wenn Sie sich nicht sicher sind, ob die Eier noch gut sind, können Sie den Frischetest machen. Was Sie dafür benötigen ist nur ein gefülltes Glas Wasser und eben das Ei. Legen Sie vorsichtig das Ei hinein. Bleibt es am Boden liegen, ist es frisch und genießbar, richtet es sich auf, ist es schon älter und grenzwertig, schwimmt es oben, dann nehmen Sie es ganz vorsichtig heraus und werfen es weg. Dieses Ei sollten Sie nicht mehr essen, es würde vermutlich auch schon fies riechen, wenn es offen wäre. Auch ist das Eigelb, also der Dotter, nicht mehr schön gewölbt, wenn das Ei älter ist. Das Eiklar wird sehr flüssig mit zunehmendem Alter und ist nicht mehr so zäh, wie es eigentlich sein sollte. Wenn Sie ganz sicher gehen wollen, nutzen Sie eigene kleine Datumsstempel mit lebensmitteltauglichen Farben oder beschriften Sie die Eier hauchdünn mit Bleistift. Nutzen Sie hierfür keine Filzstifte oder gar Eddings, da die Farbe durch die Poren ins Innere dringen könnte. Genauso rate ich Ihnen vom Waschen der Eier ab, besonders wenn Sie dabei noch Spülmittel nutzen wollen. Die natürliche Ölschicht der Eier würde zerstört werden und Keime in das Innere gelangen. Sollten die Eier durch matschige Hühnerfüße oder verunreinigte Nester schmutzig geworden sein, dann bitte nur mit kaltem oder lauwarmem Wasser abwaschen oder besser mit einem feuchten Lappen vorsichtig reinigen. Es gibt aber auch lebensmittelechte Stifte, die besonders zu Ostern zum Eier-Bemalen verkauft werden.

Glückliche Hühner legen glückliche ... äh ... gesunde und leckere Eier.

Etwas Stroh auf den Schnee gestreut und die Hühner kommen auch gerne bei diesem Wetter ins Freie.

KAPITEL 8
MIT DEN HÜHNERN DURCHS JAHR

• SIND HÜHNER WETTERFEST?

Obwohl Sprotte, wie man sieht, nie einen Regenschirm benutzt, litt sie bisher auch noch nie an Schnupfen. Ja, Hühner sind wetterfest. Meistens. Hühner sind sehr robuste Tiere. Sie trotzen vielen Wetterwidrigkeiten und kommen tatsächlich mit Kälte deutlich besser zurecht als mit Hitze. Sie können nämlich nicht schwitzen und leiden schneller unter Hitzeschock als wir Menschen.

Sprotte im Normalzustand mit rassetypischer Föhnfrisur.

Was Hühner nicht so gut abkönnen:

- Durchzug (besonders im Stall muss es zugfrei sein)

- Durchnässung ohne Unterstellmöglichkeiten oder ohne Möglichkeit, nachts im Stall wieder zu trocknen

- Schnee. Hühner können schneeblind werden und das sogar ziemlich schnell. Auf einer großen weißen Schneefläche werden Sie kein Huhn finden. Schnee im Gehege ist meist kein Problem, wenn man etwas Stroh darüberstreut oder Wege freischaufelt. Meist bevorzugen sie an schneereichen Tagen aber den Stall, es sei denn, sie sind daran gewöhnt.

- Stickige Stallluft, die eine hohe Luftfeuchte und Ammoniakgase enthält. Eine gute Durchlüftung

... und Sprotte bei Regenwetter.

Sprottes Gesichtsausdruck spricht Bände. Sie könnte sich unterstellen, tut es aber nicht, denn bei Regen gibt es reichlich Regenwürmer und dafür muss man halt Opfer bringen.

ohne Zug ist das A und O für die Hühnergesundheit. Die Atemwege leiden extrem darunter.
Ihre übrigens auch, wenn Sie den Stall betreten. Auch Keime und Pilze können sich ausbreiten und die Gesundheit stark gefährden. Dann lieber Regen oder Schnee.

- Frost. Trockener Frost ist eigentlich kein Problem, nur Hühner, besonders hier die Hähne, die einen großen Kamm besitzen, können schmerzhafte Frostschäden erleiden, da dieser den eisigen Temperaturen schutzlos ausgeliefert ist, wenn Feuchtigkeit hinzukommt. Die Tränken frieren auch leider schnell zu, daher ist auf ausreichendes Trinkwasser zu achten. Es gibt Wärmeplatten, die unter das Trinkgefäß gestellt werden können, um das Einfrieren zu verhindern. Oder man flitzt eben öfters mal raus und wechselt ständig. Aber nicht vergessen!

- Sommerhitze. Wie oben bereits erwähnt, leiden die Hühner sehr unter den heißen Sommertagen und nicht selten kommt es zu Todes-

Bei Minustemperaturen unbedingt auf ausreichend Trinkwasser achten, da es schnell zufriert.

Josefine, meine große und plüschige Orpington-Henne, genießt einen kühlen Melonensnack. Sie ist sehr hitzeempfindlich. Kein Wunder bei dem Federkleid!

fällen, wenn nicht ausreichend Schattenplätze und Trinkwasser zu Verfügung stehen. Aber selbst das ist kein Garant. Manche Hühner vertragen Temperaturen über 30 Grad nicht. Daher sollte man für Erfrischungen sorgen: Eiswürfel in einer Wasserschüssel, Melonen oder anderes Obst aus dem Kühlschrank, Befeuchten des Geheges mit der Gartendusche und ganz wichtig: nachts für Kühlung und Luftaustausch im Stall sorgen. Wir haben eine Gittertür gebaut, die wir anstelle der schweren Stalltür im Sommer nutzen. Starker Volierendraht mit Rahmen reicht, Hauptsache die Tür ist ratten- und mardersicher.

Frau Schmitz wird von Leonie ganz vorsichtig geföhnt, nachdem wir im Waschbecken ihre Federfüße von den festen Matschklumpen befreit haben. Frau Schmitz fand das eher suboptimal. Föhnen dagegen liebt sie. Darüber, wie mein Badezimmer im Anschluss aussah, möchte ich nicht sprechen.

Besonders schwer haben es bestimmte Rassen, die zuchttechnisch veränderte Federkleider haben, wie zum Beispiel Strupphühner. Ihre Federn wachsen entgegengesetzt und stehen ab, ihnen fehlt dadurch die Isolierung bei Wind, Regen und Kälte. Auch extrem plüschige Hühner, die aussehen wie Federbälle, wie zum Beispiel die Zwerg-Cochins, aber auch die großen Orpingtons oder Brahmas, haben es nicht leicht. Diese trotzen vielleicht locker den Minusgraden, leiden aber im Sommer sehr unter ihrem Plüschkostüm.

Rassen, die befiederte Füße haben, Lachshühner, Brahmas, Federfüßige Zwerge oder ganz besonders die Zwerg-Cochins haben es mit matschigen Böden oder im Schnee nicht leicht. Es bleiben richtige Eisbällchen oder Matschklumpen an ihren Füßen hängen. Dies erschwert natürlich nicht nur das Laufen. Auch fliehen können sie damit nicht und die Nester werden bei der Eiablage stark verschmutzt. Auch die Eier sehen nicht mehr appetitlich aus.

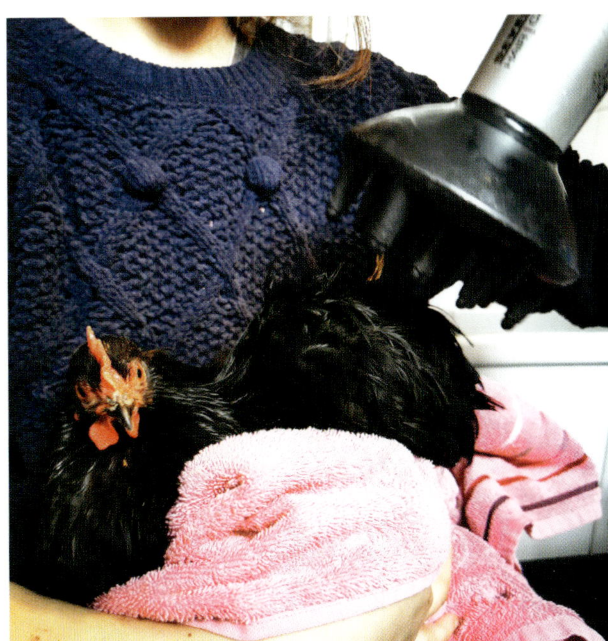

Was es sonst noch zu den Jahreszeiten im Hühnergarten zu beachten gibt:

FRÜHLING

Es wird endlich wieder grün und Ostern steht vor der Tür. Ich glaube in keine Jahreszeit passen Hühner und Eier besser.

Die Hennen legen im Frühjahr die größte Anzahl Eier, nicht weil sie in dieser Zeit einen Nebenjob beim Osterhasen angenommen haben, sondern weil es die Zeit der Küken, der Nachzucht ist. Nicht ohne Grund ist das Ei ein bekanntes Fruchtbarkeitssymbol. Aber nicht alle Hennen legen in Dauerschleife, manche legen circa zehn Stück und beginnen dann zu glucken. Sie sitzen dann fest auf ihren Eiern und sind wild entschlossen Küken großzuziehen. Wenn man sie lässt (und die Eier von einem Hahn befruchtet wurden), gibt es bald Hühnerzuwachs im Stall.

Die noch junge Cookie durchstreift das erste Grün des Jahres.

Das ist natürlich wunderschön mitanzusehen und richtig was fürs Herz – sofern die Bedingungen stimmen und die Henne mit ihren Küken nicht Gefahren ausgesetzt ist, doch dazu mehr im nächsten Kapitel. Jetzt geht es eher um das Thema „gluckige Hennen" und wie man ihnen das wieder abgewöhnt, wenn man eben keinen Nachwuchs möchte oder zumindest nicht von allen Hennen. „Entglucken" ist nämlich gar nicht so einfach. Wenn eine Henne glucken will, gluckt sie. Wir erinnern uns schmerzlich an unser Terrorhuhn Holly, die einem direkt an die Kehle ging, wenn man sie vorsichtig aus dem Nest heben wollte und schon bei einem Meter Abstand vorher so laut drohend schrie, dass einem die Nackenhaare abstanden. Aber zum Glück sind nicht alle Glucken so.

Josefine gluckt und ihre Laune ist nicht die beste, wenn man sie vom Nest holt.

Josefine, Frau Schmitz, Fannie und Gisela sind meine Hennen, die regelmäßig glucken und fest sitzen. Die anderen haben da nicht so viel Ehrgeiz und hören nach zwei Tagen von alleine auf. Manche kommen erst gar nicht auf die Idee. Frau Schmitz ist Meisterin darin. Sie bleibt, wenn ich sie aus dem Nest nehme, auch auf Steinen, Gras oder der Schaukel sitzen – so lange, bis sie wieder ins Nest kann. Dann rennt sie raketenschnell dorthin zurück. Vorher macht sie allerdings ein Staubbad im Schnelltempo und haut sich in Windeseile ein paar Körner rein, trinkt zwei Schluck und dann Attacke: zurück ins Nest! Sie schafft das beinahe den ganzen Sommer, wenn ich sie nicht regelmäßig zwinge, ihre Tage im großen Garten zu verbringen. Alle gucken dann neidisch auf sie, weil sie ja alles für sich hätte, doch Frau Schmitz rennt nur schimpfend den Zaun entlang, macht wütend ein Staubbad im Gras (?) und zetert lauthals an der Terassentür.
Meine neue Taktik: Ich „entlüfte" die Glucken auf der großen Schaukel. Die Damen werden nämlich durch das Festsitzen im Nest bei sommerlichen Temperaturen ganz schön warm, aber in ihrer Trance stört sie das nicht. Bevor sie Schaden nehmen, lüfte ich sie zwischendurch und schließe die Stalltür. Begeistert sind sie nicht, aber es hilft.

Wenn ich das ein paarmal mache, wird ihnen das zu doof und sie kehren zu den anderen zurück. Außer Frau Schmitz eben.

Es gab bis vor einigen Jahren noch nicht so artgerechte Formen des Entgluckens, die ich hier näher gar nicht erläutern möchte. Meist brauchen die Glucken nur etwas Abwechslung oder zwischenzeitlich eine andere Truppe, dann erledigt sich das auf freundliche Weise. Oder man nervt die Glucke, indem man sie zwanzigmal aus dem Nest setzt, das Nest woanders hinstellt oder es unbequem macht, also leert. Nur die ganz dickköpfigen Hennen glucken auch auf Asphalt, komme was da wolle. Was hilft sonst? Nachgeben und ein Separee bauen sowie Kükentränken kaufen.
Was gibt es sonst noch im Frühling zu tun, vom Gluckensortieren mal abgesehen? Den Frühjahrsputz! Einmal Großreinemachen ist angesagt. Den Stall komplett ausmisten, alle Nester herausnehmen, Kotbretter und Sitzstangen entfernen sowie gründlich desinfizieren. Dann einmal neu kalken und nach dem Trocknen alles wieder einräumen. Fensterputzen ist auch ganz praktisch, dann ist es gleich wieder heller im Stall. Im Frühling pflanze ich zudem immer ein paar Kräuter für uns und für die Hühner-Hausapotheke an. In einem Hochbeetkasten finden sich dann Salbei, Oregano und Thymian. Das sind drei sehr robuste Kräuterpflänzchen, die auch schön blühen, wenn man sie mal vergisst. Und es gibt noch weitere.

Hier habe ich die Glucken Fannie, Josefine und Frau Schmitz zum „Entlüften" auf die Schaukel gesetzt.

Kurze Kräuterheilkunde to go:

Lavendel und Minze sind als Duftkräuter gut für die Nester, sie halten Parasiten fern. Da die Hennen viel Zeit im Nest verbringen, lege ich dazu eine Schicht Urgesteinsmehl unter das Heu im Nest, welches ich mit den Kräutern vermische. Minze unters Futter gemischt erfrischt und hält Federlinge fern.

Salbei ist das Mittel bei Entzündungen im Rachen und bei Erkältungen. Dieses Kraut hilft auch gegen Pilzinfektionen im Magen-Darm- und Kropfbereich. Der **Thymian**, der bei Hühnerschnupfen gute Dienste leistet und entzündungshemmend wirkt, ist ebenso wichtig in der Hühner-Hausapotheke wie der **Oregano**. Er wirkt wie ein mildes pflanzliches Antibiotikum, auch bei Durchfall und Kropfentzündungen.

Die **Brennnessel** ist ein gehasstes Unkraut im Garten und dabei so wertvoll. Frisch gehackt und unter das Futter gemischt ist es ein Immun-Vital-Booster, der kaum zu übertreffen ist. Voll mit Mineralstoffen und Vitaminen, reinigt die Brennnessel zudem das Blut und stärkt den Stoffwechsel. Sie soll auch die Legetätigkeit anregen. Im Heizungskeller getrocknet, kann sie außerdem im Winter mit ihren Nährstoffen den Hühnern stärkend über die kalte Zeit helfen.

Der **Löwenzahn** ist auch so ein Turbo-Gesundheitsunkraut. Wie bereits erwähnt, schmecken die Eier nochmals besser, wenn die Hühner regelmäßig im Frühling Löwenzahn fressen. Aber dieses Kraut kann noch mehr, denn es enthält wie die Brennnessel auch Unmengen an Nährstoffen und wirkt antiviral, antibakteriell und antioxidativ. Also schimpfen Sie nicht über dieses Unkraut, sondern bringen Sie es den Hühnern. Diese werden das Pflänzchen feiern.

Die **Brunnenkresse** ist schärfer, aber die Hühner lieben sie. Sie soll gut gegen Parasiten sein und die Atemwege frei machen. Nicht zu viel und nicht zu oft füttern.

Die **Kamille** ist bekannt für ihre krampflösende Wirkung. Ihre Blüten und Blätter können dem Futter gut beigemengt werden. Als Strauß getrocknet und aufgehängt im Stall hält sie Fliegen und Parasiten fern.

Die **Schafgarbe** hilft bei Durchfall und soll bei heißem Wetter im Trinkwasser den Hühnern helfen, den Kreislauf zu stabilisieren. Sie wirkt zudem appetitanregend und entgiftend.

Der **Spitzwegerich** ist ein altbekanntes Hustenmittel, da er schleimlösend und entzündungshemmend wirkt. Als Breiumschlag bei Verletzungen und Insektenstichen sehr gut. Spitzwegerich beinhaltet zudem viel Kieselsäure und Zink, ist daher für Haut und Federn besonders in der Mauser sehr wertvoll.

Kräutertöpfe in meinem Garten. Reihe oben: Oregano, Bohnenkraut und Liebstöckel. Mitte: Petersilie sowie ein Happy Huhn. Untere Reihe: Salbei und Thymian.

SOMMER

Lavendel im Hühnergarten ist beinahe unkaputtbar.

Im Sommer verbringt man viel Zeit im Garten und damit natürlich auch mit oder bei den Hühnern. Jetzt kann man die Wohngemeinschaft so richtig genießen, sogar regelrecht Studien betreiben und sich an den Eigenheiten und Verrücktheiten mancher Hühner erfreuen, die täglich auf neue Ideen kommen, wenn sie (unter Aufsicht) in den großen Garten dürfen und dort ihr Unwesen treiben. Manche Pflanzen leiden nämlich massiv, wenn man nicht aufpasst. Die Damen und Herren Huhn graben ziemlich flott um, was eigentlich gerade frisch gepflanzt wurde oder haben manche Blumen gar zum Fressen gern. Andere Pflanzen wiederum werden gar nicht erst angeschaut oder trotzen den motivierten Gartengehilfen gut. Auch ein Kranz aus Steinen rund um den Wurzelstamm hilft den Gewächsen gut gegen scharrende Hühnerkrallen.

Von welchen Pflanzen kann man sich schnell verabschieden, wenn die Hühner los sind und welche sind hartnäckig und trotzdem schön anzuschauen? Nebenan ein paar Tipps von mir, denn auch ich habe inzwischen dazugelernt.

Noch ein Wort zum Thema „giftig“:

Viele der Gartenpflanzen sind giftig bis sogar sehr giftig für Hühner. Aber das sollte uns nicht hindern, zum Beispiel Fingerhut oder Waldrebe anzupflanzen, denn normalerweise haben Hühner einen Instinkt dafür, was sie fressen können und was ungesund ist. Dennoch rate ich, stets und besonders zu Anfang ein Auge darauf zu werfen, ob die Hühner an giftige Pflanzen gehen oder nicht. Bei uns gab es das noch nie, aber man weiß es ja nicht.

Meine Lieblingspflanzen und die der Hühner:

Alle Rosen: Gehen immer, sehen super aus und die Hühner meiden sie.

Rhododendren und Azaleen oder Farnkraut: Schön und giftig, daher von Hühnern links liegen gelassen.

Strauchblüher wie **Weigelie oder Ginster:** ebenfalls giftig und unangetastet.

Obststräucher: Hier werden nur die Früchte geklaut.

Hortensien, Spiere oder Flieder: Kein Interesse seitens der Hühner.

Lavendel und Rosmarin: Im Beet gewachsene mehrjährige Pflanzen können es ab, wenn ein Huhn mal vorbeischaut und sehen einfach immer gut aus.

Einjährige Beetpflanzen, Kapuzinerkresse, Clematis und Co.: Tja, die schmecken vielleicht nicht, werden aber ausgebuddelt und beiseite gescharrt, denn ein Loch für ein Staubbad finden Hühner an diesen Stellen meist viel interessanter.

Gemüsebeete: Es gibt zwei Varianten: Entweder die Hühner oder das Gemüse einzäunen! So ziemlich jeder Salat oder Kohl schmeckt eben unwiderstehlich gut. Auch ein Hochbeet hindert die flugfähigen Hühner nicht, die Köstlichkeiten zu probieren.

Wiesenflächen: Ist der Garten groß genug, passiert nichts wirklich Schlimmes. Aber ist die Rasenfläche klein oder hatte es kurz vorher geregnet, dann haben es die Grashalme schwer, den scharrenden Hühnern Kontra zu bieten. Auch Maulwurfshügel können sich binnen Minuten zu gefühlten Fußballfeldflächen ausbreiten, denn hier sind die Hühner ja wie im Paradies: Regenwürmer, Larven, Käfer und Co. sind gut erreichbar und wenn man schon mal dran ist …

Die frisch gepflanzten Rosen haben gute Chancen alt zu werden.

Käthe und unser Hund Higgins. Phlox, Vergissmeinnicht und andere Beetpflanzen sind vor Buddelattacken der Hühner nicht geschützt. Higgins hat das stets beachtet, die Hühner nicht. Ob er hier Käthe gerade erklärt, dass es Ärger mit der Chefin geben könnte, wenn sie ins Beet hüpft?

Neben Spaß und Sonne, viel guter Laune und Sommerfreuden gibt es aber auch nicht so Schönes: Milben. Diese lästigen kleinen Blutsauger vermehren sich besonders gut bei feuchtwarmem Wetter und das sehr rasant. Es gibt die Rote Vogelmilbe und die Nordische Vogelmilbe, letztere ist kleiner und wird wie die andere auch von Wildvögeln (vermutlich hat jeder Spatz welche) übertragen. Wildvögel nisten nur kurz und schlafen jede Nacht woanders, daher sind sie weniger stark betroffen als Hühner, die in ihrem Stall auf der Stange sitzen. Die Milben verstecken sich in Ritzen und Ecken, sogar in einstigen Nagel- und Schraubenlöchern und krabbeln nachts auf die Hühner, um sich eine Portion Blut abzuholen. Einzelne Milben sind nicht schlimm, aber sie treten in kürzester Zeit in Massen auf und stellen ein großes und bedrohliches Gesundheitsrisiko dar. Daher muss ab der ersten sichtbaren Milbe gehandelt werden. Nicht selten sterben Hühner an Milbenbefall. Es ist also große Sorgfalt und Obacht geboten. So sollten neben täglichen

Kontrollen (ein Blick unter die Sitzstangen und in die Ecken des Stalls sowie die Nester) auch folgende Vorsorgemaßnahmen getroffen werden: regelmäßiges Wechseln der Einstreu im Stall und in den Nestern, Kieselgur und Urgesteinsmehl auf die Kotbretter, die Ritzen und Ecken streuen sowie mit pflanzlichen und verträglichen Mitteln die Stalleinrichtung besprühen und Minze-Lavendel-Sträuße im Stall aufhängen. Es gibt auch ein sehr gutes, aber chemisches Mittel, welches in das Trinkwasser gemischt wird, das man zweimalig im Abstand von sieben Tagen anwendet. Glücklich macht mich das sicher nicht, aber wenn der Befall schlimm zu werden droht, ist es meist das einzig Richtige.

HERBST

Die Tage und Nächte werden kühler, die Dauer des Sonnenlichts kürzer. Das bedeutet für den Stoffwechsel des Huhns zunächst einmal Schwerstarbeit, denn es beginnt die Zeit der Mauser. Das Wechseln des Federkleids ist anstrengend, daher gibt es zu dieser Zeit auch keine Eier. Zum Glück mausern nicht alle gleichzeitig, aber die zunehmende Ebbe im Eierkarton ist spürbar. Die Hühner sind in dieser Zeit sehr krankheitsanfällig, sei es durch die körperliche Belastung oder durch den unzureichenden Isolationsschutz. Daher mixe ich in dieser Zeit regelmäßig die „Mauser-Mischung“, einen kleinen, täglich wechselnden Mix, um die Hühner bei diesem Kraftakt zu unterstützen. Hier ein paar meiner Rezeptideen. (All diese Zutaten sind möglich, müssen oder sollen natürlich nicht alle gleichzeitig gegeben werden.)

Sprotte nimmt jede Jahreszeit wie sie gerade kommt.

Mauser-Kraftmischung für Hühner, ein paar Vorschläge:

- Geraspelte Karotten, Zucchini, Kürbis oder Fenchel
- Naturjoghurt oder Hüttenkäse (tierisches Eiweiß und Kalziumspender)
- Haferflocken
- Weich gekochter Naturreis, Gerstenkeime oder andere gekochte Getreidesorten
- Gehackte Kräuter und Grünfutter wie Thymian, Oregano, Schafgarbe, Löwenzahn, Petersilie, Giersch, aber auch Luzerne
- Gurken und Salatköpfe sorgen für frische Abwechslung und sind stets willkommen
- Im Winter auch Grünkohl in kleinen Mengen (sehr gesund!)
- Geraspelte Äpfel, Birnen oder auch andere Beeren
- Ölzusätze, damit die fettlöslichen Vitamine aufgenommen werden können
- Bierhefe (für die Neubildung des gesunden Federkleides wichtig)
- Geflügelmineralfutter (ist in guten Legefuttern bereits enthalten, hier niedrig dosieren)
- Ein Schuss Apfelessig
- Bei Schnupfen kann etwas gehackte Zwiebel oder Knoblauch im Futter helfen, man kann auch die Thymian- und Oreganodosis erhöhen und evtl. mit Borretsch ergänzen
- „Ei-Futter", ein Fertigprodukt zum Anfeuchten und Untermischen, das viel Protein und Vitamine enthält
- Gehackte Brennnessel oder Brennnesselsamen sind wahre Vitalbomben

Die Liste ist natürlich nicht vollständig, am Ende des Buches gibt es Verweise auf weiterführende Literatur.

Durch die Mauser sind der Auslauf und der Stall sowie die Nester voller Federn. Diese gilt es regelmäßig einzusammeln, denn das kann sonst weitere Ektoparasiten anlocken: die Federlinge.
Diese fiesen kleinen Schädlinge verbringen ihre Zeit dauerhaft auf dem Huhn, anders als die Milbe, die dieses nur nachts zum Blutsaugen aufsucht. Federlinge ernähren sich von Haut- und Hornschuppen. Sie sitzen an der Basis der Federn, den Federkielen. Die Gefahr des Befalls besteht im Grunde das ganze Jahr, aber nach meiner Erfahrung ist er im Herbst eher ein Problem. Zu sehen sind diese Parasiten, wenn man die Federn gegen die Wuchsrichtung anhebt und den Hühnern auch mal auf den Po (die Kloake) schaut, denn hier sitzen die meisten und fressen rundherum alles kahl. Zu bekämpfen sind sie mit Kontaktinsektiziden, die eigens dafür zugelassen sind, also Sprühmitteln, die direkt auf das Huhn, besser zwischen

Hermine schiebt neue Federn. Das ist anstrengend, schwächt und pikst ganz schön fies. Viele Hühner sind in dieser Zeit sehr anfällig und auch schlecht drauf. Klar, wenn man so aussieht.

Aber der Herbst hat auch wunderschöne Seiten und Zeiten. Das Durchwühlen eines Laubhaufens, auch wenn er bereits in der Schubkarre gelandet ist, gehört zu den ganz großen Hobbys in dieser Jahreszeit. Bruni, eine schwere Brahmahenne, hat auch kein Problem damit, mal hineinzuhüpfen. Hier fühlte sie sich aber wohl erwischt, nach ihrem Blick zu urteilen.

Der gerupfte und mausernde Herbert sieht ein wenig aus wie ein geplatztes Sofakissen.

die Federn gesprüht werden. Die Hühner sind selten davon begeistert, aber es hilft, ist nicht giftig und das ewige Krabbeln, Jucken und der Glatzen-Po haben endlich ein Ende.

Der Stall sollte zudem bei trockenem Wetter noch einmal komplett geleert und gereinigt werden, denn der Winter kommt und ist lang genug.

WINTER

Sprotte im Schnee.

Vor den meisten Ektoparasiten hat man nun Ruhe, aber dafür werden Mäuse und ihre größeren Verwandten hungriger und besuchen das Gehege öfter. Daher sollte im Stall nur wenn nötig etwas Fressbares vorhanden sein.

Im Gehege und auf den Wegen zum Stall streue ich wieder Pinienrinde, um das „Vermatschen" zu minimieren. Den Stall streue ich dick mit Stroh ein, das isoliert von unten. Bei Schneefall und Minusgraden sind die Tränken zu kontrollieren, denn das Trinkwasser friert sehr schnell ein. Feuchte Kälte ist gefährlich, da die Kämme und Kehllappen Erfrierungen erleiden können. Melkfett am Abend auf die gefährdeten Stellen aufzutragen soll vorbeugen. Bierhefe im Futter und Apfelessig im Trinkwasser sind neben Grünkohl und getrockneter Brennnessel gute Kraftspender, um dem Winter zu trotzen. Auch kann man das geraspelte Gemüse mit den Haferflocken und sonstigen Zutaten leicht erwärmen. Die Hühner werden sich freuen.

Stroh auf dem Schnee lockt die Hühner auch an eisigen Tagen aus dem Stall.

Die Eier sollten bei eisigen Temperaturen auch mehrmals täglich eingesammelt werden (falls die Winterleger fleißig bleiben und es überhaupt noch Eier zu Sammeln gibt), denn durch den Frost können Eier einfrieren und dann leider platzen.
Wenn die Hühner viel im Stall verbleiben, leiden die Einstreu und das Klima schnell. Achten Sie auf regelmäßiges Reinigen, sonst wird die Ammoniakbelastung zu hoch und festgefrorene Köttel bekommt man erst bei Tauwetter wieder ausgemistet. Auch aufgehängte Kräutersträuße oder spezielle Eukalyptuseinstreu ist da empfehlenswert.
Ansonsten ist der Winter eine ruhige Zeit, wenn denn die Zäune stabil sind und hungrige Beutegreifer keinen Zutritt bekommen. Die frühe Dunkelheit lädt nämlich Fuchs und Marder ein, die sowieso hungrig sind zu dieser Jahreszeit. Sollten Sie einen automatischen Hühnertürschließer haben, muss unbedingt die Zeitschaltuhr an die wechselnden Sonnenuntergangszeiten angepasst werden, um unliebsamen Besuch auszusperren. Zu früh darf das Törchen auch nicht schließen, sonst bleiben Nachzügler draußen und werden Beute. Ich habe auch so ein paar Spezis, die immer das Schlusslicht bilden, sich in aller Ruhe die verbliebenen Körner einverleiben und offenbar die Ruhe im Gehege genießen. Gut, dass bei uns die Türschließer entweder Leonie, Opa oder Mama heißen und zur Not die Nachzügler ins „Bett“ geleiten. Aber

Alle wollen neben Herbert sitzen und kuscheln. Rechts und links bleiben die Sitzstangen meistens frei.

für gewöhnlich gehen alle brav in den Stall und Herbert geht als letzter. Scheinbar zählt er alle noch mal durch im Stall, denn erst wenn alle da sind, hüpft er auf die Stange, außer es ist Sauwetter draußen, dann ist er einer der Ersten auf der Stange. Das mag er nämlich gar nicht.

Sonstige, von den Jahreszeiten eher unabhängige Krankheiten, die unsere Hühner heimsuchen können:

Die Liste ist weder vollständig noch ausführlich. Bitte schaffen Sie sich hierfür ein Fachbuch an und wenden Sie sich im Verdachtsfall an einen Tierarzt, der Ihnen mit Rat und Tat zur Seite stehen kann. Die Liste der Hühnerkrankheiten ist lang, aber wenn man seine Hühner verantwortungsvoll hält, gibt es ganz selten Schwierigkeiten.

Endoparasiten (Würmer): Gar nicht so selten, daher empfiehlt es sich, die Hühner in regelmäßigen Abständen zu entwurmen. Mittel dazu bekommen Sie beim Tierarzt, Flubenol ist zum Beispiel ein gängiges Anthelminthikum. Es gibt verschiedene Wurmarten; die häufigsten sind Luftröhren- und Darmparasiten, die die Hühner schwächen und zum Tode führen, wenn nichts unternommen wird. Der Kamm verblasst, die Legeleistung nimmt ab, das Huhn wird schwächer, schnappt nach Luft oder zeigt Durchfall. Manchmal sind Würmer im Kot zu entdecken, dann ist aber schon Not am Mann, äh, Huhn. Übertragen werden die Würmer

meist von Wildvögeln, oder auch von Regenwürmern und Schnecken, die als Zwischenwirte dienen. Ein Huhn infiziert sich auch durch den Kot im Gehege, daher ist Hygiene die beste Vorsorge.

Ektoparasiten (Milben, Federlinge): Die Vogelmilben und Federlinge sind im vorangegangenen Teil bereits besprochen worden, es fehlt aber noch die häufig vorkommende Kalkbeinmilbe. Diese ist eine Grabmilbe, das heißt sie gräbt sich in die Haut und ernährt sich von Hautschuppen und Blut. Sie hinterlässt die von außen gut sichtbaren weißen Krusten auf den Beinen, aber auch schmerzhafte und juckende Entzündungen. Zur Bekämpfung empfiehlt sich Ballistol-Öl, mit dem täglich die Beine eingerieben werden müssen. Auch die Sitzstangen sollten damit behandelt werden, denn die Kalkbeinmilbe ist ansteckend für die anderen Hühner.

Romeo, der hübsche Blumenhuhn-Hahn, zeigt ein typisches Bild vom Befall mit der Kalkbeinmilbe.

Infektiöse Bronchitis: Virusgrippe, die binnen kürzester Zeit den ganzen Hühnerbestand dahinraffen kann. Es gibt eine Impfung dagegen, aber diese ist weniger üblich. Symptome sind Keuchen und auch neurologische Ausfälle. Frühzeitig erkannt, haben die Tiere gute Überlebenschancen. Achten Sie daher bei Neuzugängen auf die Vitalität – nicht, dass Sie sich diese Krankheit in Ihren Bestand holen.

Mykoplasmose: Kann über das Trinkwasser und Wildvögel oder durch Neuzugänge eingeschleppt werden. Die Mykoplasmen greifen besonders bereits geschwächte Hühner an und verursachen Ausfluss aus der Nase sowie tränende Augen, manchmal auch Schwellungen im Gesichtsbereich. Ein schnell verabreichtes Antibiotikum hilft zunächst, aber manche Tiere bekommen sie immer wieder. Frischer Oregano und Apfelessig stärken bei Neuzugängen den Bestand im Voraus.

Kokzidiose: fiese Darmerkrankung, die Durchfall verursacht. Gegen die Kokzidien können Hühner auf Dauer immun werden, erwachsene Tiere erkranken selten daran. Auch hier ist Hygiene das Maß aller Dinge und ein Tierarztbesuch vonnöten, um sich passende Mittel besorgen zu können.

Marek: Viruskrankheit, die Jungtiere befällt und zu schweren Ausfallerscheinungen und Lähmungen führt. In großen Betrieben werden die Eintagsküken geimpft, in privaten Haltungen ist das eher unüblich.

Legenot: Wenn das Ei zu groß ist, das Huhn zu schwach oder der Legedarm entzündet, dann kann es zu einem Stau kommen. Das Ei drückt von innen, kann aber nicht heraus. Das ist sehr schmerzhaft für das Huhn und man erkennt es gut an der „Pinguinhaltung" des Huhns. Es hat vorher vermutlich stundenlang erfolglos im Nest gesessen und steht nachher regelrecht apathisch in einer Ecke im Gehege. Hier hilft Wärme und eventuell ein Hautöl oder Vaseline, mit der die Kloake vorsichtig massiert wird. Auf keinen Fall darf das Ei im Körper der Henne platzen.

Legedarmvorfall: Viele Hybridhennen leiden darunter, weil sie mit zunehmendem Alter immer größere Eier legen. Diese riesigen Eier reizen und schädigen den Legedarm auf Dauer und auch die Kloakenöffnung leidet durch die XL-Eier. Wenn dann der Legedarm nach außen tritt, kann das zu schweren Infektionen führen. Auch hier kann, sofern der Legedarmvorfall nicht entzündlich ist, zu Vaseline gegriffen werden und der Darm vorsichtig zurückgeschoben werden. Ein Tierarztbesuch ist dennoch anzuraten oder man erlöst das Tier, denn oft ist mit Rückfällen zu rechnen.

Kropfverstopfung: Ursachen hierfür gibt es einige: Die Hühner haben langstieliges und abgeschnittenes Gras oder Heu gefressen, das Futter war schimmelig und es kommt zu Verpilzung des Kropfes, gärendes Futter oder zu große Steine stecken im Kropf fest. Der Kropf fühlt sich entweder sehr weich und mit Wasser gefüllt an oder er ist sehr hart, also nicht so beweglich wie sonst. Hier hilft sanftes Massieren in Kopfrichtung. Man soll das Tier auch anschließend kopfüber halten und den Kropfinhalt quasi herausmassieren, aber hier scheiden sich die Geister. Apfelessig soll gegen den Pilz vorbeugen.

Mein Tipp für die Hühnerapotheke – Was sollte man griffbereit haben?

Von links nach rechts, hintere Reihe: **Bierhefe, Silber- oder Blauspray, Ballistol Animal, Flüssigvitamine, Parasitenspray, Myrrhe-Propolis-Tropfen** zur Wundheilung und Desinfektion, **Thymian und Oregano, Apfelessig, Eifutter** zum Aufpäppeln, **Immun Complete** zur Steigerung der Abwehrkräfte und **Mineralgrit** (der gehört eigentlich mit zum Futter). Vordere Reihe von links nach rechts: **Ilon®-Zugsalbe** bei Ballen-Abszessen, **Betaisadonna®-Salbe, Verbandsmull** und **Schere, Hafttape, Wurmkräuter** zur Prophylaxe gegen Wurmbefall, **Knoblauch** (und **Zwiebeln**, aber die waren gerade aus) und eine **Spritze**. Das **Kolloidale Silber** habe ich vergessen mit auf den Tisch zu stellen, es ist ein gutes Desinfektions- und Wundbehandlungsmittel.

Klar, da ist immer noch Luft nach oben, aber ich finde, damit kommt man schon mal gut klar. Ein paar Firmen gibt es (siehe Anzeige im Buch), die sich auf spezielle Hühnerzusatzfuttermittel spezialisiert haben. Dort wird man meist auch gut beraten.

Medizin im Futter zu verstecken funktioniert bei Hühnern gut, jedenfalls meistens.

Zuckerschock

KAPITEL 9
WEIL MAN ES MAL ERLEBT HABEN MUSS: KÜKENALARM!

Dem Abenteuer „Küken“ konnte ich eben auch irgendwann nicht widerstehen, meine Tochter lag mir zudem auch schon ewig in den Ohren: „Mama, ich finde, uns fehlen Küken.“
Gefehlt haben sie nicht unbedingt, eigentlich hatten wir ja beizeiten genug Hühner, aber inzwischen würden sie fehlen, definitiv. Aber dazu später.

Weil es mich auch immer mehr juckte und der Frühling vor der Tür stand, gab ich gerne nach. Während Leonie schon Pläne schmiedete, welche Rassen es denn werden sollten, zermarterte ich mir den Kopf bezüglich der Logistik in Stall und Gehege. Würde Frau Schmitz wieder zuverlässig und genau pünktlich zu glucken beginnen und wie könnte ich sie abtrennen während dieser Zeit? Denn das wäre nötig, da andere Hennen womöglich ihre Eier zu den angebrüteten dazulegen und Frau Schmitz so lange nerven würden, dass sie irgendwann aufstehen und das Nest verlassen würde. Und wenn die Küken da sind, müssen sie in der ersten Zeit mit ihrer Mutter in ein Separee, ein Kükenheim, einmal wegen der Sicherheit vor Raubvögeln, aber auch wegen des Spezialfutters. Der Zaun würde zudem nur Frau Schmitz zurückhalten, die Küken könnten problemlos durch die Löcher hindurch und dann wäre das Chaos vorprogrammiert. Fragen und Dramen machten sich in meinem Kopf breit. Ich sah schon eifersüchtige Hennen, die die Küken pickten, Krähen, die sich auf die Zwerge stürzten und erfrierende Küken hinter dem Zaun, die den Weg nicht zurückfanden. Ich wollte aber auch nicht im Gehege oder Stall schlafen. Daher entschied ich mich für einen Kunstbrutautomaten. Das war zwar gegen die Natur, aber am Tisch vom Opa gefütterte Hühner oder welche, die beim Onlineschooling mit am

Bildschirm sitzen, sind ja irgendwie auch nicht gerade normal. Außerdem sind Kunstbrutküken zutraulicher, da sie von klein auf an den Menschen gewöhnt sind, was ganz klar dafürsprach, denn das sollte ja Leonies Projekt werden. Küken im Haus. Dann kann ich wenigstens ruhig schlafen, dachte ich. Die Küken würden die erste Zeit behütet groß werden und dann ein eigenes Gehege im Garten bekommen. Ich hatte nämlich noch eine Voliere aus Draht im Karton in der Garage liegen. Die hatte ich damals gekauft, als die Vogelgrippe bedrohlich nahe war und die Aufstallungspflicht zu kommen drohte. Wir hatten aber Glück gehabt damals. Jetzt könnte sie zum Einsatz kommen. Die Idee, Frau Schmitz oder eine andere Glucke dorthin zu setzen und selber Küken groß ziehen zu lassen, verwarf ich, denn so zeitgenau würden sie nicht starten. Die Bruteier mussten aber nun gekauft und dann direkt bebrütet werden. Also erkundigte ich mich bei Leonie, welche Rassen denn in die engere Wahl gekommen sind: Zwerg-Brahmas sollten es sein. „Die sind sooo süß, ruhig und werden sehr zutraulich." Okay. Ich wünschte mir noch Zwerg-Orpingtons in porzellanfarben (die braunen mit den weißen Tupfen) dazu. In der Nähe gab es aber keine Züchter dieser Rassen und daher wagten wir eine Bestellung per Post. Das scheint ein übliches Prozedere zu sein, wenngleich ich es etwas verrückt fand, mir die Eier per Paketdienst schicken zu lassen. Aber nun gut, es gab keine andere Lösung. Wir fanden zwei Züchter, die Zwerg-Orpington-Eier kamen sogar aus Mecklenburg-Vorpommern.

Gut verpackt erreichten uns die Bruteier.

Acht Eier waren befruchtet und gingen in die zweite Runde.

Der Brutautomat war auch schon startklar und das Abenteuer konnte beginnen. Dass wir tagelang auf den Automaten starrten und uns ausmalten, wie es ist, Küken beim Schlüpfen anzuschauen und wie viele Hähne es werden würden, kann man sich ja denken. Auch Namen wurden schon überlegt, aber lediglich Adele sollte ihren geplanten Wunschnamen erhalten, der Rest ergab sich mal wieder spontan.

Tag sechs: Man sieht hier genau die gebildeten Blutgefäße um den Keim herum.

Endlich war Tag sechs, der Tag, an dem man die Eier das erste Mal durchleuchtet. „Schieren“ nennt man das. Man macht das, um sehen zu können, welche Eier befruchtet sind und welche nicht. Die unbefruchteten entfernt man und die anderen werden weiter bebrütet und beobachtet.

Zu einem späteren Zeitpunkt haben wir nochmals geschiert. Es blieben fünf Eier übrig, die anderen waren abgestorben, aus welchen Gründen auch immer. Das kann passieren, auch bei einer Naturbrut, so traurig das auch ist. Stets habe ich Temperatur, Luftfeuchtigkeit und das Drehen der Eier kontrolliert, welches der Automat alles selber übernahm. Trotzdem kamen nur fünf Eier in den Endspurt.

Im Ei bewegt sich was

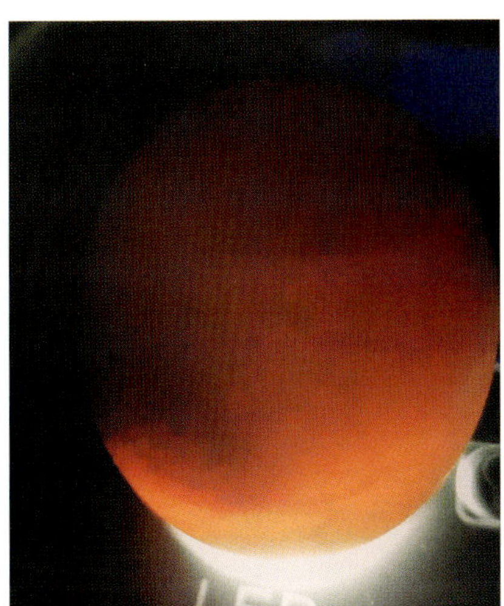

Ein Orpington-Ei zum Ende der zweiten Halbzeit. Das Helle unten ist die Luftblase, man sieht weiterhin Adern, und das Dunkle ist entweder Frau Mommsen oder Major Tom.

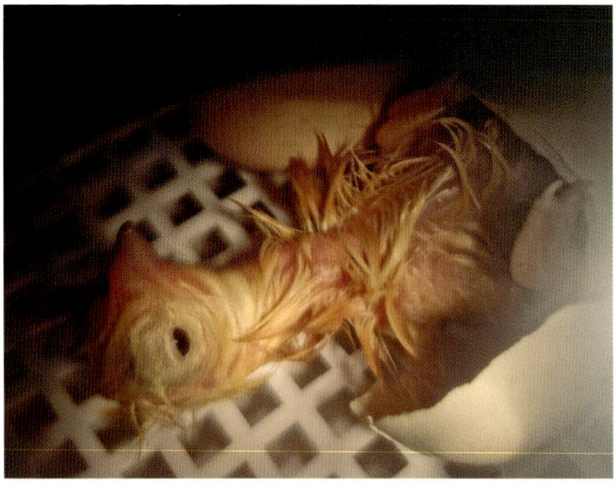

Frau Mommsen war die Erste, die bei uns das Licht der Welt erblickte.

An Tag 21 stand die Welt Kopf. Zumindest bei so Hühnerverrückten wie uns. Der Schlupftag war gekommen und die Ungeduld stieg ins Unermessliche. Schließlich waren wir „Erst-Schlupf-Beobachter“. Meine Tochter und ich hatten schon Pferde oder sogar Schweine bei der Geburt begleitet und beobachten dürfen, aber noch nie live und in Farbe Küken schlüpfen sehen. Dann war es endlich so weit: Das erste Ei war angepickt. Dann passierte erst mal ewig nix und wir wurden schon ganz unruhig. Aber beides gehört dazu.

Nach einer gefühlten Ewigkeit hatte Frau Mommsen es dann geschafft. Winzig, nass, klebrig und schlimm tapsig. Folgende Stimmen seitens der stolzen und sagen wir mal erstaunten Menschen waren zu hören:
Tochter: „Oooh guckt doch mal, wie süüüß, das ist so niedlich!“
Mama: „Ui. Na ja. Es muss ja noch trocknen ...“
Papa: „Himmel, ist das hässlich!“
Das Kindchenschema greift bei Erwachsenen und besonders bei Männern erst nach dem Trocknen, wenn die Küken plüschig sind.

Frau Mommsen nach dem Trocknen.

Wir nannten sie spontan Frau Mommsen. Ähnlichkeiten mit der Namensvetterin sind nur zufällig.
Die Freude war riesig, es sollte also klappen mit den Küken auf der Meisenburg. Das zweite Zwerg-Orpington schlüpfte raketenartig schnell aus dem Ei, es war wie ein Bitzstart und Leonie schlug vor, wir sollten es irgendetwas mit „Rakete oder so“ nennen.

Als Kind der frühen 1980er-Jahre kamen mir weder Armstrong noch Apollo in den Sinn, sondern nur „Major Tom". Der Name gefiel allen.

Bei den anderen drei Eiern schien es nicht so gut auszusehen. Es tat sich nichts. Auch nicht an Tag 22, auch nicht an Tag 23. Ostermontag, als ich die Bude zum Frühstück voll Familie hatte und schon nicht mehr daran glaubte, wurden die anderen drei Eier plötzlich auch angepickt. Ich hatte sie immer noch im Brüter gelassen, da erfahrene Hühnerfreunde sagten, ich solle heute noch abwarten, Wunder gäbe es immer wieder. Aber im Laufe des Tages tat sich nichts. „Man soll nicht eingreifen", wurde mir mehrmals gesagt. „Lass der Natur ihren Lauf", „Das kann böse Enden und das Tier wird jämmerlich verbluten und eingehen, wenn Du es aus dem Ei holst". Aber auch: „Was hast Du zu verlieren?" und „Willst Du einfach nur zugucken", waren die Stimmen der erfahrenen Hühnerzüchter. Zwölf Stunden angepickte Eier sind die Grenze, aber nicht selten. Entweder sie schaffen es von alleine oder eben nicht. Mein Mann war auch zwiespältiger Meinung, Leonie traurig, aber glücklich mit den zwei gesunden Küken. Doch ausgerechnet die Zwerg-Brahmas sollten es nicht geschafft haben? Ihre Wunsch-Rasse ...
Am Abend schaute ich traurig auf die angepickten Eier im Brüter. Sie bewegten sich noch, also hoffte ich, sie würden es allein schaffen. Sie müssten nach dem Schlupf eh einige Stunden im Brüter verbleiben – so lange, bis sie trocken und erholt sind. An Schlaf war aber trotzdem nicht zu denken. Ich hatte mich kurz hingelegt, aber dann doch wieder vor den Brüter gesetzt. Es war Mitternacht, als ich

Frau Mommsen und Major Tom, pünktlich vor dem Osterwochenende geschlüpft. Zu sehen ist noch der Eizahn auf dem Schnabel, damit picken die Küken ein Loch in die Schale beim Schlupf.

entdeckte, dass ein Küken immer den Schnabel aufsperrte. Ich konnte es durch das kleine Loch im Ei sehen. Bei genauerer Betrachtung sah ich ein Stück Eischale im Schnabel des Kükens, es konnte nicht weiter picken, da ein Stück Schale den Schnabel aufsperrte! Einmal tief durchatmen, dachte ich und öffnete den Brüter und entnahm das Ei. (Soll man eigentlich nicht machen! Es stört das Klima im Brüter.) Es war das kleinste und zuletzt angepickte fünfte Ei. Ich flitzte ins Bad und holte eine Pinzette, die ich in Windeseile desinfizierte. Dann besorgte ich eine Wärmelampe und ein Handtuch. Ganz vorsichtig pellte ich Millimeter für Millimeter die Eischale unter der Rotlichtlampe ab. Der Kleine würde sowieso sterben, wenn ich nichts unternehmen würde und so verwarf ich die Angst, irgendwelche Gefäße zu verletzen. Die zwölf Stunden nach dem Anpicken waren eh schon um ...

Ich hatte den Kopf freigelegt und besaß sogar die Nerven, davon schnell ein Foto zu machen. „Das glaubt Dir sonst keiner", dachte ich noch, als der Kleine sich noch einmal richtig anstrengte und die Schale in meiner Hand zerbrach. Er war in meiner Hand geschlüpft! Erschöpft, aber kerngesund lag er in meiner Hand. Ich starrte dieses kleine Wesen an und dachte: „Nummer 5 lebt!" (Kind der 80er, Sie wissen schon) Nass, klebrig und zerbrechlich, aber am Leben.

Ich legte ihn schnell zurück in den Brüter, damit er sich dort erholen konnte. Dann holte ich mir aus der Küche den Eierlikör vom Familienfest aus dem Kühlschrank und prostete mir und Nummer 5 zu. Etwas makaber vielleicht, aber mir war so feierlich zumute und es war nichts anderes da.

Nummer 5 noch im Ei.

Dann schaute ich mir die anderen beiden Eier an. Es war inzwischen mitten in der Nacht, die Zeit war eigentlich überfällig zum Schlüpfen. Ich entnahm ein weiteres Ei und musste leider feststellen, dass es nicht mehr lebte. Das Küken war vielleicht missgebildet, genau konnte ich es nicht erkennen, irgendwas mit dem Dottersack stimmte zudem nicht. Möglicherweise hätte ich hier entgegen der erfahrenen Stimmen schon vorher einschreiten müssen, aber das war eben der Lauf der Dinge. Dennoch traute ich mich an das letzte Ei. Es bewegte sich immer noch, schien aber einfach nicht weiterzukommen. Auch hier half ich ein Stück weit nach und erkannte dann, dass das Küken nur eine Starthilfe brauchte. Die Schale war zudem unfassbar dick.

Adele brauchte nur etwas Hilfe und schlüpfte dann mit über drei Tagen Verspätung von allein.

Von links nach rechts: Major Tom, Nummer 5, Adele und Frau Mommsen.

Da waren es dann doch vier Kerlchen geworden – vier gesunde und niedliche Küken. In diesem Fall war das Nachhelfen richtig gewesen, aber generell ist es ein heikles Thema. Meistens geht es eben nicht gut und man muss das wissen und auf das Schlimmste vorbereitet sein. Auf keinen Fall darf man zu früh helfen. Der Dottersack muss eingezogen sein und die Gefäße abgetrennt. Nur leider sieht man das von außen nicht.
Ich hatte aber Glück und konnte zwei Küken auf diese Weise das Leben schenken. Und ich würde es wieder tun.

Dieses Mal musste ich auch mit ran – alles für die Küken. Das Ställchen ist so groß und stabil geworden, dass es locker als Wurfkiste durchgeht, sollten wir mal Hunde züchten.

So viel zum aufregenden Schlupf. Neben der Ungeduld und der Aufregung gab es aber noch einiges anderes während der Brutzeit zu tun: Das Kükenheim musste eingerichtet, das Zubehör gekauft, ein Gehege für den Garten besorgt und Spezialfutter beschafft werden. Da das Wetter nach Ostern ja oft noch sehr unbeständig ist und die Nächte kühl sind, sollten die Küken die ersten Wochen im Haus bleiben und falls überhaupt nur tagsüber stundenweise in den Garten in die Sonne. Also musste das Kükenheim groß genug werden, zumal ich anfangs mit mehr als vier Küken gerechnet hatte. Nichts, was es zu kaufen gab, gefiel mir richtig, und so stand ich in unserer Garage, freute mich über reichlich Holzreste und dachte: Das kann ich auch. Also mein Mann könnte das auch, ich würde wieder den Helfer und Handlanger machen.

Bevor-die-Küken-kommen-Besorgungsliste

- Kükentränke und Kükentrog (kleiner und sicherer)
- Größenverstellbare Wärmeplatte
- Kükeneinstreu (Buchenhack ist super, das können sie nicht fressen, aber trotzdem darin scharren)
- Kükenfutter
- Vogelsand für das Sandbad
- Bachflohkrebse (Leckereien)
- Und natürlich das Kükenheim

Kükenstarterfutter-Zusatzverwöhnmischung:

- Klein gehacktes gekochtes Ei
- Gehackte Brennnessel oder Oregano, gerne abwechselnd
- Bierhefe als Pulver
- Etwas geraspelte Möhren (miniklein geraspelt)
- Etwas Hüttenkäse

Kükengrundausstattung für Perfektionisten.

Nummer 5 hat immer schon gerne in die Kamera geguckt und mitten im Essen gestanden.

Dass es kaum etwas Schöneres gibt, als kleine flauschige Küken zu beobachten, brauche ich wohl nicht zu erklären. Sie im Wohnzimmer zu haben, ist aber schon etwas anderes, noch einmal würde ich es so nicht machen. Natürlich hatten wir nach ein paar Tagen (die Küken brauchen an den ersten Tagen Ruhe und sind krankheitsanfällig) oft Besuch von Leonies Freunden, aber auch die Erwachsenen hatten richtig was fürs Herz. Oma brachte beinahe täglich was mit und auch sonst war ganz schön was los in der Bude.

Natürlich durften die Küken auch mal raus ins Wohnzimmer und die Welt entdecken. Sie sollten ja zutraulich werden und draußen war es zudem noch richtig kalt.
Dabei sind ein paar sehr süße Bilder entstanden, die ich Ihnen natürlich nicht vorenthalten möchte:

Major Tom

Major Tom und Frau Mommsen diskutieren und Nummer 5 in der Mitte macht sich klein.

Adele vor dem Weinregal.

Adele und Nummer 5 – mein Lieblingsbild.

Anhand der Federn an den Flügeln kann man an den ersten Tagen das Geschlecht bestimmen. Zu 90 Prozent angeblich. Bei meinen Küken fand ich heraus, dass die intuitive Namensgebung scheinbar jedes Mal ins Schwarze getroffen hatte. Zwei Hennen, zwei Hähne. Bei den Hähnen hätte ich mich gerne geirrt, denn nun war klar: Sie können nicht alle bleiben …

Klar war aber auch: Nummer 5 bleibt. Das war mein persönlicher Liebling, wir zwei hatten diese besondere Geschichte in der Osternacht erlebt, also würde er auch bleiben.

Die Küken wuchsen täglich, es ist wirklich unglaublich, wie schnell das geht.

Nach circa drei bis vier Wochen wurde das Wetter besser und die Küken durften tagsüber endlich nach draußen. Dafür hatte ich ein extra Gehege besorgt, mit kleinen Maschen und natürlich auch von oben geschlossen. Die Wärmeplatte, das Futter und Wasser sowie das Sandbad sind jedes Mal mit nach draußen umgezogen. Zusätzlich hatte ich nach sauberen Steinen und Ästen gesucht, damit die Kleinen neben Gras und Erde noch Neues kennenlernen konnten. Den Küken immer wieder andere Reize zukommen zu lassen macht sie stressresistenter und verhindert Mobbing, wie zum Beispiel Federpicken oder andere fiese Unarten. Die Küken hatten am ersten Tag etwas Angst vor dem Gras und wollten nicht wirklich durchs Gehege laufen, aber Frau Mommsen ging vor und alle anderen kamen nach. Schließlich bekamen sie nicht mehr genug davon und das Gezeter, wenn es abends wieder rein ging, war groß. Aber draußen bleiben war nun mal keine Option. Ich sag Ihnen, mit Küken im Haus ist ganz schön was los.

Es war witzig zuzusehen, wie sie sich entwickelten. Jedes hatte einen anderen Charakter. Adele war vorsichtig, aber traute sich auch alleine in neues Gefilde. Major Tom hatte oft eine große Klappe, aber war die Schissbuxe in Person, Frau Mommsen war etwas divenähnlich. Sie wollte nicht angefasst werden, okay. Aber zurückbleiben, wenn die anderen nach draußen gebracht wurden, wollte sie natürlich auch nicht. Außerdem mochte sie nicht alles. (Das hat sich nun grundlegend verändert. Sie frisst ständig und alles. Und sie bettelt auch professionell, wie Sie wissen). Nummer 5 war der kleinste von allen und immer der kuschelige Typ, der gerne in die Hand wollte, um dann dort sogar einzuschlafen – Hauptsache warm

Von links nach rechts: Frau Mommsen, Major Tom, Nummer 5 und Adele. Das Gras ist Lava, nur die Mommsen traut sich das.

und beschützt. Er schläft heute noch auf meinem Schoß, denn in die Hand passt er ja nicht mehr.

Nummer 5 im restlichen Kükenflaum.

Sie wurden größer und größer und mit dem fast kompletten Federkleid durften sie nun auch nachts (natürlich noch mit Wärmelampe) draußen übernachten. Dafür musste aber etwas Einbruchsichereres her. Nun kam also die Voliere zum Einsatz und der ehemalige Seidenhühnerstall wurde gesäubert und desinfiziert.
Die Voliere ist wirklich gut, aber wir haben jetzt den schwarzen Gürtel in Gehirnjogging und Geduld. Auch sind wir locker 150 Kabelbinder ärmer, doch es hat sich gelohnt.

Irgendwann wurden dann die Kükentränken und -tröge gegen die große Variante getauscht und auch das Futter musste sich ändern. Ab der zehnten Woche gab es Junghennenfutter, natürlich aber regelmäßig die Verwöhnmischungen dazu.

Die Federn sprießen immer mehr.

Gemeinsames Baden und Putzen ist angesagt.

Major Tom, der Braune in der Mitte, wurde etwas frech. Zu Nummer 5 jedenfalls.

Zwei Hähne plus „good old Herbert" gingen auf keinen Fall, daher musste der pubertierende Junghahn ausziehen. Zum Glück konnte über einen befreundeten Landwirt und die Kontakte zu „Rettet das Huhn" ein neuer Wirkungskreis für ihn gefunden werden. Der Major hat nun seinen eigenen Harem. Es freut mich sehr, dass es für ihn ein Happy End gab. Nicht alle, das heißt nur ganz wenige Hähne haben das Glück, nicht in der Pfanne zu landen. Denn eins ist sicher: Auf die Hälfte der Hennen kommt die andere Hälfte Hähne. Zumindest nach Adam Riese und der Sache mit der Wahrscheinlichkeit. Es kann auch schlimmer kommen. Eine Bekannte hatte sechs geschlüpfte Küken. Alle waren Hähne ... Darüber muss man sich im Vorfeld im Klaren sein. Entweder man hat einen klaren Plan, lässt die Junghähne bis zur Schlachtreife groß werden und hat dann erstklassiges Fleisch zur Verfügung. (Sorry an alle Vegetarier und Veganer, aber wer Fleisch isst, der weiß gute Qualität zu schätzen und kümmert sich um artgerechte Aufzucht.)

Oder man kümmert sich rechtzeitig um ein Zuhause für die männlichen Exemplare. Dass das ein schweres Unterfangen ist, kann jeder ahnen. Ich bekomme im Sommer und Herbst unzählige Nachrichten und Mails, ob ich nicht ein Zuhause für ihre Hähne wüsste oder gar zur Verfügung stellen könne. Sie wären groß und würden nun Ärger machen. Das geht meiner Meinung nach gar nicht.
Auch für die anderen Hühner ist das nicht gut – Chaos, Streit und Verletzungen sind vorprogrammiert. Also erst denken, dann züchten. Oder es lassen und die Junghennen nach Wahl beim Züchter oder Händler aussuchen.
Ich für meinen Teil war klar im Vorhinein, freute mich dennoch sehr für den Major.

Major Tom hat jetzt seinen eigenen Harem.

Die Sorge, Frau Mommsen wäre nun todunglücklich, war unbegründet. Ihr war es wurscht, total. Nummer 5 und Adele allerdings sind ein wahres Traumpaar geworden. Da sie nicht verwandt sind, denn beide gehören einem anderen Farbschlag an und sind reinrassig, könnte es möglicherweise wieder Küken in den nächsten Jahren geben ... Vielleicht. Zwerg-Brahmas sind einfach toll. Aber dann nur in Naturbrut. Meine Hoffnung liegt bei Frau Schmitz oder Adele selbst. Den Brutautomaten habe ich verschenkt. Das ist nix für meine Nerven. Es kann einfach zu viel schiefgehen, wenn man kein großes Profigerät hat.

Die wirkliche Integration mit der großen Hühnertruppe wollte bisher noch nicht richtig klappen. Herbert und Nummer 5 sind beide starke Hähne und haben ihren Dickkopf.

Zoff im Hühnerparadies. Frau Mommsen weiß sich zu behaupten, Nummer 5 wünscht sich gerade woandershin.

Ich möchte nicht, dass es zu Verletzungen kommt, auch sind meine Nerven dafür nicht geeignet. Ich denke, ich lasse sie bis zum Winter auf jeden Fall noch getrennt, vielleicht sogar bis zum nächsten Frühling. Man wird sehen. So lange haben sie noch Sonderstatus ... Die Vergesellschaftung zweier oder mehrerer Hähne ist oft nicht einfach und sollte geschehen, bevor alle erwachsen sind, also einer von beiden jedenfalls noch nicht geschlechtsreif. Das hatte aber schon beim Major und Nummer 5 nicht geklappt, obwohl Letzterer eher ein Spätzünder war. Gegen Herbert allerdings hatte er sich jedoch arg behaupten wollen, da hatte er noch nicht einmal gekräht. Der Zeitpunkt war also schon zu spät, leider. Davor war er einfach noch so mickrig gewesen und ich hatte Angst gehabt, Herbert könne ihn verletzen. Heute ist es eher andersherum. Wie auch immer, meine Küken sind groß geworden und kerngesund. Und Nummer 5 ist auch artig zu uns, nicht wie manch andere Hähne aus Kunstbrut, die

Meine zwei Küken, denen ich aus dem Ei geholfen habe.

Nummer 5 und Adele, ein Traumpaar im Sandbad. Erinnern Sie sich noch an das süße Bild aus dem Wohnzimmer? Das mit den beiden Kükenplüschpopos?

Nummer 5 mag aber auch seine Frau Mommsen gut leiden.

Nummer 5 schaut nach dem Rechten, wenn ich auf der Terrasse sitze und schreibe ... Auf jeden Fall macht er stets eines: gute Laune.

Meine Freundin Jule ist auch ein großer Fan von Nummer 5. Sie hatte vorher nie wirklich groß mit Hühnern zu tun, aber seitdem wir uns kennen, ist sie bekennende Hühnerliebhaberin.

irgendwann den Menschen angreifen, weil sie diesen nicht akzeptieren wollen. Nummer 5 ist ein braver Kerl. Ob er sich erinnert und dankbar ist, wage ich zu bezweifeln. Das ist so ein Kleine-Mädchen-Wunschdenken. Bleiben wir besser bei der Realität und sind einfach selber dankbar.

Adele und Nummer 5. Wie Waldorf und Statler, nur von der Meisenburg, nicht aus der Muppet Show.

Leonie und ihre Freundinnen

KAPITEL 10
KINDER UND HÜHNER – PÄDAGOGISCHER NUTZEN

Der pädagogische Nutzen, den Hühner für unsere Kinder mit sich bringen, ist nicht unerheblich. Nicht nur das Erlebnis, noch warme Eier aus den Nestern zu sammeln, sondern auch ein Huhn zu streicheln oder gar hochzunehmen und zu füttern, macht den Kindern ungeheuer großen Spaß. In vielen Kinderfilmen, von „Patterson und Findus" über „Michel aus Lönneberga" oder „Die wilden Hühner" bis hin zu „Mullewapp", kommen die Hühner entweder in Nebenrollen vor oder spielen wichtige Helden. Sie sind quasi omnipräsent und beliebt. Kinder lieben Hühner und aus eigener Erfahrung weiß ich, dass sie sehr gerne Zeit bei und mit ihnen verbringen. Es werden neue Klettertürme oder Unterschlüpfe gebaut oder ein festliches Buffet aus Mehlwürmern, Äpfeln und Haferflocken errichtet. Manchen Hühnern werden bestimmte Posten wie Polizeihuhn, Lehrerin oder Krankenschwester zugeteilt oder sie müssen als Schüler einer Vorlesung zuhören. Die Hühner machen einfach weiter ihr Ding, was die Kinder nicht weiter stört, aber irgendwie sind auch sie gerne bei ihnen, sofern die Zweibeiner nicht hektisch durch das Gehege rennen oder schreien. Nicht selten saß Klein-Leonie mit einem Buch bei ihren Hühnern und las ihnen laut vor oder erzählte ihnen einfach so erdachte Geschichten. Mal abgesehen von diesem zuckersüßen Bild ist es einfach wundervoll, wie

Hühner mögen die Gesellschaft von Kindern.

Kinder ihre Zeit an der frischen Luft und bei den Tieren mit einer sinnvollen Beschäftigung verbringen. Die Hühner waren stets in der Nähe, putzten sich, schliefen ein oder scharrten zufrieden vor sich hin dabei, aber irgendwie war es ein harmonisches Geschehen und ein friedlicher Anblick, der mich jedes Mal berührte.

Wenn sie dann älter werden, können sie auch Aufgaben übernehmen wie das Harken des Geheges, Säubern der Tränken oder Nachfüllen der Futtertröge. Das lehrt Verantwortung und gibt den Kindern Selbstbewusstsein. Leonie hat auch generell ein großes Interesse an Hühnern; sie kennt sich mit Rassen zum Beispiel besser aus als ich und hat einfach einen ganz besonderen Draht zu ihnen. Das ist natürlich nicht die Voraussetzung dafür, damit das Prädikat „pädagogisch wertvoll“ erfüllt wird. Die Kinder profitieren auch von Hühnern, ohne dass sie als Nummer eins auf der Lieblingstiereskala stehen.
Wenn wir Besuch von Leonies Schulkameraden haben, ist es immer faszinierend, wie diese auf die Hühner reagieren. Manche gehen ohne zu zögern ins Gehege mitten zwischen die Hühner und wollen sie sofort aus der Hand füttern und fragen, ob sie mal eines hochnehmen dürfen. Andere sind zunächst zögerlich und etwas verängstigt, wenn die Hühner, wie immer in freudiger Erwartung auf etwas Leckeres, sofort auf uns zugerannt kommen. Ich finde ja, dass es einfach extrem witzig aussieht, wie Hühner rennen, aber für hühnerunerfahrene Menschen kann das schon beeindruckend sein, wenn Erna oder Mathilde mit ihren locker vier Kilo angaloppiert kommen, denn die Erde bebt nicht nur bei Pferden, auch meine dicken Tanten können sehr geräuschvoll und gewaltig schnell daherpoltern.
Oder ein anderes Beispiel: Ein Schulfreund war zu Besuch, der bis dato noch keinen großen Kontakt zu Hühnern hatte. Leonie nahm ihn natürlich mit zu den Hühnern und drückte ihm wortlos ein Huhn, sogar eines von den großen (ich glaube, Käthe) in den Arm. Erst hielt er die Luft an, war zudem erstaunt über das Gewicht, das so ein Huhn haben kann, war aber doch direkt begeistert. Später wollte er gar nicht mehr aus dem Gehege und schaukelte sogar mit Poffertjes, unserer Barne-

velder-Henne, zusammen. Ich schickte seiner Mutter entzückt ein Bild davon. Zurück kam: „Was? Er hatte doch immer Angst vor Hühnern!? Das ist ja cool. Wie süß!“ Inzwischen ist er ein vertrauter Gast im Hühnergehege und kennt alle beim Namen. Fakt ist: Bis auf eine Ausnahme haben Leonie oder ich bisher alle mit der Begeisterung für Hühner anstecken können.

Kristin und ihre Tochter Alma mit unserer Hedwig. Kinder lieben Hühner. Viele Erwachsene auch, wie ich immer wieder beobachten konnte. Plötzliches Lächeln und glänzende Augen gibt es fast immer, wenn ich ihnen ein Huhn in den Arm drücke. Erst atmen sie tief durch und dann sind sie entzückt, wie weich und kuschelig die Federtiere doch sind.

„Hühner vermieten“ ist ein neuer Betriebszweig mancher Landwirte geworden. Ob der nun so wirtschaftlich ist, weiß ich nicht, aber lohnen tut er sich für die Mieter der Hühner auf jeden Fall. Die Sache ist die: Eine Schule, eine Familie oder manchmal auch eine Senioreneinrichtung mietet meist vier Hühner inklusive Stall und Gehege für etwa vier Wochen. Das Futter wird auch vom Landwirt gestellt, der die gesamte Ausrüstung plus Hühner an den gewünschten Ort bringt. Dort verweilen die Hühner eine bestimmte Zeit und erfreuen Schüler, Familie oder Bewohner mit ihrer Gesellschaft und natürlich den Eiern. Die Aufgaben werden gerecht verteilt und in den Schulen wird passenderweise das Huhn im Biologieunterricht thematisiert und das Ei untersucht. Für viele Kinder ist das eine einmalige Gelegenheit, überhaupt in die Nähe eines Huhns zu kommen und etwas über das Verhalten und ihre Natur zu erfahren. Das Ei aus dem Supermarkt kennen sie, das Huhn oft nur aus dem Fernsehen. Mir, wie auch vielen anderen, gefällt die Idee sehr, Kindern die Bedürfnisse von Tieren direkt und plastisch zu veranschaulichen. Man kann nur so langfristig eine verantwortungsvolle und nachhaltige Generation erziehen, wenn diese weiß, woher die Nahrung kommt, was dafür an Aufwand nötig ist und wie eine artgerechte Haltung von „Nutztieren“ aussieht. (Ich mag das

Wort „Nutztier" nicht besonders, aber wie will man es sonst nennen, wenn Eier und vielleicht später auch das Fleisch konsumiert werden?) Das Bewusstsein für das Lebensmittel und dessen Qualität schrumpft leider eh schon. Schön also, wenn Kinder auf diesem Weg Verantwortung, Eigeninitiative und Dankbarkeit erlernen und begreifen können. Jetzt mögen allerdings einige denken, dass es vielleicht für die Kinder oder Erwachsenen sicher ein tolles Erlebnis ist, mal für begrenzte Zeit unter die Hühnerhalter zu gehen, es aber für die Tiere jedes Mal Stress bedeutet, alle vier Wochen woanders und bei anderen Menschen zu sein. Das stimmt teilweise. Aber zur Verteidigung dieser Hühnervermietungsidee möchte ich sagen, dass Hühner ziemlich anspruchslos sind, solange sie ausreichend Wasser, Futter, ein Nest, einen Auslauf mit Sonnen- sowie Regenschutz und einen sauberen, trockenen Stall haben. Dieser Stall zieht ja auch jedes Mal mit um, das Futter bleibt ebenfalls gleich, ist also alles ihr gewohntes Umfeld. Der einzige negative Aspekt ist die ständig wechselnde Zusammensetzung der Hühnertruppe, denn nur selten bleiben diese vier Hennen regelmäßig beisammen. Meist sind die Betreiber der Vermietung Hühnerhalter im großen Stil, das heißt die Hühner werden nach dem Zufallsprinzip immer wieder neu gewählt und die Hackordnung der Damen muss jedes Mal neu etabliert werden. Umso schöner ist es dann, wenn die Einrichtung, also der Stall, an einer Stelle verbleibt und die Hühnertruppe gleich bleibt, so zum Beispiel bei einer Schulfreundin von mir, deren Tochter nun eine Schulfreundin meiner Tochter ist: Antje hat einen Bauwagen mit einem Grundstück auf dem Bauernhof

Der Bauwagen von Antje und ihre Kinder-Event-Hühner.

Leonie und Poffertjes.

ihrer Eltern, in dem sie regelmäßig Kindergeburtstage, Erlebnisferien oder spezielle Events für Kinder anbietet. Neben Pferden gibt es dort auch direkt neben dem Bauwagen einen Hühnerstall mit großer Freifläche für die Amrocks, Bielefelder Kennhühner und Schwedischen Blumenhühner. Sehr oft werden die Hühner in die Events integriert und die Kinder sind begeistert. Sie helfen zum Beispiel beim Stallsäubern und Eiereinsammeln.

Das nicht jedes Mal ein pädagogisch wertvoller Gedanke dahinterstecken muss, wenn Kinder auf Hühner treffen, ist klar. Was mir aber so wichtig und erstrebenswert erscheint, mag einmal die sich entwickelnde Tierliebe für ein etwas anderes „Haustier" sein (wie es sie sonst oft nur zu Hunden, Katzen oder Kaninchen gibt) oder eben auch einfach nur der Spaßfaktor, unbeschwert an der frischen Luft mit Tieren zu spielen.

(Das klingt aber auch „pädagogisch wertvoll", oder? Egal, Hühner sind wertvoll und machen glücklich!)

Zwei verrückte Hühner beim Sonnenbad: Leonie chillt mit Sprotte nach der Schule auf der Schaukel.

Leonie und Poffertjes auf der Schaukel

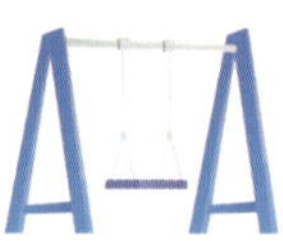

Leonie und Sprotte beim Gitarrenspiel

Bestes Beispiel: Sprotte

Dass unsere Sprotte ein Huhn der besonderen Art ist, hatte ich ja bereits erwähnt. Das wurde aber auch in der Grundschule bekannt, denn Sprotte wurde Teil des Onlineunterrichts zu Corona-Lockdown-Zeiten. Anfangs mit Absicht, denn zur Auflockerung des Bildschirmunterrichts forderte Leonies wundervolle Grundschulklassenlehrerin die Kinder auf, doch mal alle ihr Haustier oder Lieblingskuscheltier vorzustellen. Unser Hund war jüngst verstorben und so lief Leonie schnell in den Garten, rief „Sprottisprottisprottiii!" und Sprotte kam angeflitzt. Die Begeisterung war groß, als Leonie mit ihr auf dem Arm vor der Laptopkamera erschien. Sprotte war sich ihres Lehrauftrags bewusst, hielt still und blickte neugierig auf den Bildschirm. Kurz darauf überlebte Sprotte einen Raubvogelangriff nur knapp, Gott sei Dank war ich gerade rechtzeitig im Garten. Sie durfte ein paar Tage im Haus und bei uns auf der Terrasse genesen und erholte sich schnell. Während des Onlineunterrichts saß sie auf einer Decke neben dem Laptop (für alle, die gerade die Augenbrauen hochziehen: Es war Frühling und Leonie saß dabei im Garten, nicht im Haus) und folgte aufmerksam dem Matheunterricht. Irgendwann wurde es ihr aber zu langweilig und sie versuchte erst den Bleistift von Leonie zu klauen, dann die Buchstaben vom Buch zu picken und schließlich stand sie direkt vor dem Laptop und versuchte das kleine rote Lämpchen neben der Kamera zu erwischen. Die Kinder schrien vor Begeisterung und auch die Mathelehrerin war amüsiert, denn ein schwarzes Huhn mit wackelnder weißer Haube, welches genau in die Kamera starrt, ist einfach ein köstlicher Anblick. Danke noch mal an die tollen Lehrer, die so flexibel und gut gelaunt durch die Coronazeit mit unseren Kindern gingen. Ein Huhn, das die Homeschoolingsitzung sprengt, gibt es allerdings auch nicht alle Tage.

Sprotte hilft immer gerne bei den Hausaufgaben.

Achtung
freilaufende
Hühner!

KAPITEL 11
ZU BESUCH BEI ANDEREN „HÜHNERVERRÜCKTEN“ FREUNDEN

• WEITERE GEEIGNETE LÖSUNGEN FÜR EIN LEBEN MIT HÜHNERN

Um weitere Ideen zu bekommen, wie die Hühnerhaltung daheim artgerecht und praktisch umsetzbar ist, zeige ich Ihnen ein paar Beispiele von lieben Bekannten und ihrem Federvieh.
Wie gesagt, Hühner sind ziemlich anspruchslos, benötigen dennoch ein paar wenige, aber wichtige Dinge wie sauberes Wasser, ausreichend Futter, Wetterschutz, Nester, Scharrmöglichkeiten, Sonnen- und Sandbadeplätze sowie eine artgerechte Unterbringung. Ob sie nun geschützt in einer Voliere leben, oder wild und frei auf einem Hof oder in einem großen Garten, ist den Hühnern gleich. Hauptsache die wenigen Ansprüche sind erfüllt, es gibt genug Abwechslung, Platz und

Hühner machen glücklich.

wenig Stress durch eine ungeeignete Zusammensetzung der Hühnerschar (kleine und ruhige Tier zusammen mit großen und hektischen Exemplaren zum Beispiel).

Manche halten schon immer Hühner, weil sie einfach dazugehören, wie auf dem Bauernhof der Familie Feldmann, andere sind erst ganz neu dabei und erstaunt, wie gut sich Hühner sogar in Wohnsiedlungen halten lassen (ohne Hahn dann allerdings, versteht sich). Aber bereut hat es noch keiner von ihnen und alle sagen, dass es erstaunlich ist, wie schnell sie dazugehören. Wegzudenken sind sie nicht mehr.
Ich stelle Sie Ihnen gerne vor und zeige Ihnen, wie sie mit ihren Hühnern leben und was es dort für lustige Geschichten vom Federvieh gibt. Vielleicht können Sie sich ja etwas abschauen und inspirieren lassen. Ich habe extra sechs verschiedene Haltungsformen und unterschiedliche Hühnerrassen gewählt, um die Vielfalt zu veranschaulichen, was es gibt und was alles möglich ist, ganz gleich, ob nun viel Platz vorhanden ist oder nicht. Ein Huhn auf dem Balkon oder ein Trupp von wenigen Hühnern in einem Schuppen gehören allerdings nicht dazu. Alles schon gesehen. Leider. Frei nach dem Motto: „Immer noch besser als in einer Legebatterie.“ Dem kann ich nicht zustimmen, denn eine Legebatterie ist Tierquälerei, eine Einzel- oder reine Holzschuppenhaltung ebenso, denn Hühner brauchen Tageslicht, Sauerstoff, Artgenossen und die Möglichkeit, den Sachen nachzugehen, die ein Huhn eben so macht: scharren, picken, sandbaden, flitzen, flattern und so weiter.

So, nun zu den anderen Hühnerfreunden …

Zu Besuch bei Kerstin

Der Garten eines alten Mühlenhauses bietet den Seidenhühnern und den Paduaner Hennen ein wunderschönes Zuhause. Die Familie hat sich bewusst für Seidenhühner und die überaus menschenbezogenen und neugierigen Paduaner entschieden, da es eine ganz Menge kleiner und größerer Kinder in der Familie gibt. Sie hatten vor vielen Jahren schon mal Hühner, da allerdings waren es auch zuerst Hybridhühner.
Die Familie hat den Stall selbst gebaut und mit der vorne angebauten Voliere finde ich ihn sehr gelungen. Hier haben die Hühner eine geschützte Zone. Sollte die Vogelgrippe mal in die Nähe kommen, sind die Hühner trotzdem an der frischen Luft und haben ausreichend Platz, da auch der Stall erhöht ist und darunter viel Platz bietet.

Garten mit Huhn. Seidenhühner gehen immer. Sie machen auch so gut wie keine unerwünschten „Gartenarbeiten" und lassen Wiese und Blumen unberührt.

Befestigter Boden in der Voliere, Kletterstangen und ein Schattenplatz unter dem Stall.

Ein kleines Paradies für Gartenhühner.

Das ist Hilde. Sie hat beschlossen, eine kleine Pause vom Glucken einzulegen und macht sich flott auf den Weg nach draußen. Schnell was futtern, baden und dann ...

... überlegt sie, ob sie sich ein kleines Abenteuer zur Ablenkung vom schnöden Brüten gönnt.

Hilde nimmt allen Mut zusammen und springt aus unfassbarer Seidenhuhn-Sprunghöhe in den Abgrund ...

Auch hier bekommen die Hühner regelmäßig frisches Zusatzfutter und Mehlwürmer aus der Hand. Diese Rassen hier sind zwar nicht wirklich berühmt für einen reichlichen Eiersegen, aber wenn sie welche legen, sind sie einfach unschlagbar lecker. Hühner, die regelmäßig draußen leben und frisches Grün zur Verfügung haben, legen Eier mit besonders gelbem, fast orangefarbenem Eidotter. Dieser verleiht zudem allen Eierspeisen eine tolle Farbe!

.. um dann zufrieden zurück zum Nest zu gehen. Die wilde Hilde, das ist schon eine!

Schöner ist es natürlich, wenn alle ins Freie dürfen und die Wiese genießen können, um unter den Büschen zu scharren und auf Regenwurmsuche zu gehen oder sich in aufregende Abenteuer zu stürzen. Zeitweise gab es Schwierigkeiten mit Greifvögeln, daher wurden Stäbe aufgestellt, über die ein Netz gespannt werden kann, wenn die Zeit der Nachzucht bei den Beutejägern ist.

Der bewegliche Zaun, der individuell steckbar ist und umgesetzt werden kann, hält die Seidenhühner locker in Schach, die unternehmungslustigen und schlanken Paduaner aber nicht. Oder sagen wir, nicht alle ... Dieser transportable Zaun eignet sich auch hervorragend für die portionsweise Wiesenhaltung. Wenn ein Bereich schon arg von den Hühnern in Mitleidenschaft gezogen wurde, kann man sie mithilfe des beweglichen und leicht umsetzbaren Zauns eine Zeit lang auf eine andere Fläche lassen, bis sich die abgefressene und aufgescharrte Fläche wieder erholt hat. Ganz genial ist es, wenn man spezielle Wiesenkräutersamen und vielleicht auch eine Blühwiese sät. Dann haben gleich noch viel mehr Lebewesen etwas davon.

Erika schaut gerne zwischendurch mal bei der Oma vorbei.

Erika, eine der Paduaner-Damen, ist beinahe den ganzen Tag alleine unterwegs, besucht die Oma und gackert fröhlich und erwartungsvoll durch die offene Haustüre. Sie soll sogar schon mal angeklopft (angepickt) haben, als die Tür unverschämterweise geschlossen war.

Paduaner gibt es in vielen verschiedenen Farbvarianten, auch Zwerge gibt es bei dieser Rasse. Aber die Haube ist ihr Markenzeichen und ganz sicher auch ihr lustiges Wesen. Die Hähne dieser Rasse sind allerdings

Ich finde außerdem, dass ein Garten erst mit Hühnern richtig Spaß macht, er wird so lebendig. Die Hühner sind zudem auch meist sehr dekorativ.

ganz schön laut und etwas streitsüchtig; hier lässt sich wirklich nur ein Hahn in der Truppe halten. Die Haube ist zudem oft ein Versteck von Parasiten wie Milben oder Federlingen. Da muss man schon genau hinschauen. Das gilt auch für unsere Sprotte. Sie als Holländer Haubenhuhn hat ja auch so eine Frisur, doch noch nie Probleme damit und Erika ist auch kerngesund.

Zu Besuch bei Leonies Freundinnen Nele und Maja

Diesen Hühnergarten habe ich bereits im vorherigen Kapitel erwähnt, als ich von meiner ehemaligen Schulkollegin und den Kinder-Events erzählte. Ich möchte Ihnen noch einen genaueren Einblick dazu geben.

Auf diesem schönen Bauernhof leben die Cousinen Maja und Nele zusammen mit vielen Pferden, ein paar Schafen und dieser bunten Hühnertruppe. Die Hühner sind dort, bis auf die alte braune Legehenne, schon als Küken aus dem Ei geschlüpft. Es sind Bielefelder Kennhühner und Amrocks, beides schwere und flugfaule Rassen, die stets freundlich sind und gut legen. Dazu gibt es noch Romeo, den Blumenhuhn-Hahn und eine Henne dieser Rasse, die natürlich Julia heißt. Julia ist, ähnlich wie Erika aus dem vorherigen Beispiel, auch eine Abenteurerin und flattert fröhlich täglich über den Zaun (die Schwedischen Blumenhühner können das sehr gut), um Pferde und Schafe zu besuchen.

Maja und eine große Amrockhenne.

Romeo bleibt währenddessen bei seiner Truppe, hält aber die ganze Zeit Ausschau nach ihr und passt aus der Ferne auf sie auf. Da hat er ganz schön zu tun, denn leider war schon einmal ein Greifvogel zu Besuch und hat eine der Hennen geholt. Aber Julia erinnert ein wenig an Pippi Langstrumpf und trotzt den Gefahren. Sie liebt Abenteuer und

Romeo, der Blumenhuhn-Hahn, mit seinem Gefolge.

Zufrieden mit sich und der Welt und beschützt von Romeo genießen die Amrocks ihr Leben.

will etwas erleben. Die anderen Hennen interessiert das gar nicht; sie sind zufrieden mit ihrem großen Areal und rassetypisch ruhiger.

Romeo hat aber Unterstützung im Kampf gegen die Luftwaffe bekommen, denn Maja und Nele haben zusammen mit Antje eine Vogelscheuche gebaut – eine große und mächtig aussehende Vogelscheuche, die scheinbar ihren Zweck erfüllt, denn lange war nun kein Greifvogel mehr da.

Um der Hühnerschar noch mehr Schutz vor Beutegreifern von oben zu bieten, könnte man zum Beispiel noch Paletten schräg gegeneinanderstellen oder mehr Büsche und Bäumchen pflanzen. Sichtschutz von oben nimmt den Hühnern im Alltag auch den

Stress, sie bevorzugen dicht bewachsenes Terrain, lieben es aber auch, über die Wiesen zu streifen und im Gras zu scharren. Romeo warnt ja zuverlässig.

Aufgehängte CDs reflektieren das Sonnenlicht und sollen ebenfalls die Greifvögel fernhalten.

Als Hühnerstall dient ein ehemaliger umgebauter Autoanhänger, der mit allem ausgestattet wurde, was das Huhn eben nun mal so braucht. Wenn man Hühner hält, die auf der Stange schlafen (das tun ja die meisten, außer Brahmas, Seidenhühnern und manchen Orpingtons – auch hier gibt es Ausnahmen), dann kann man auch in die Höhe bauen. Die Sitzstangen können versetzt und auf unterschiedlichen Höhen angebracht werden, die Nester dann auf dem Boden stehen. Weitere Vorteile dieses Stalls: die zusätzlich gewonnene überdachte Fläche unter dem Stall, die zum Sandbad und Regenschutz dient sowie die Möglichkeit, diesen Stall plus den transportablen Zaun umzusetzen. Wer viel Fläche hat, wird diesen Luxus genießen, denn dann leidet das Hühnergehege nicht so. Hier ist der Stall allerdings fest montiert, da die Auslauffläche so groß ist, dass es nicht zur Überlastung des Bodens kommt.

Die drei Bielefelder Damen vor dem fahrbaren Hühnerstall.

Neben dem Stall wurde zusätzlich eine kleine überdachte Fläche angebracht. Hier steht das Futter gut geschützt vor Witterungseinflüssen.

Außerdem gut zu sehen ist hier die steinerne Einfassung des Geheges, die die Tiere vor Fressfeinden schützt, da sich keiner unter dem Zaun durchbuddeln kann. Der Zaun ist zudem an ein elektrisches Weidezaungerät angeschlossen. So kann kein Tier von außen durch diesen Zaun schlüpfen. Auch Marder und Füchse kommen in dieser ländlichen Gegend häufig vor, zeitweise sind sie sogar tagaktiv und könnten locker durch die Maschen in das Gehege eindringen.

Romeo

Zu Besuch bei Carsten und Tina

Hier haben wir ein gutes Beispiel dafür, wie Hühnerhaltung auch im Vorgarten artgerecht möglich ist. Fünf Zwerghühner leben hier mit der Familie im beschaulichen Kettwig inmitten einer Wohnsiedlung.
Es sind Zwerg-Cochins und Antwerpener Bartzwerge, beides friedliche und freundliche Zwergrassen, die dazu noch so süß anzuschauen sind.

Tina und Carsten halten Antwerpener Bartzwerge und Zwerg-Cochins im Vorgarten einer Kettwiger Wohnsiedlung.

Carsten und Tina sind während der Coronapandemie „auf das Huhn gekommen" und haben sich einen kleinen Wunsch erfüllt. Abgesehen davon, dass die kleinen Eier einfach sehr lecker sind (es sind nicht wirklich viele), machen die Zwerge einfach echt viel Spaß, sagt Carsten. „Viel Aufwand ist es wirklich nicht und wenn ich auf der Terrasse sitze und ihnen zuschaue, dann ist das echt entspannend."

Carsten und Tina haben den vorderen Teil komplett mit Netz überspannt, da selbst hier in der Siedlung der Habicht auf dem Nachbardach sitzt und von dort aus auf einen guten Zeitpunkt wartet. Wenn die Familie zu Hause ist, kann die Hühner-Zwergenbande aber auch in das große Gehege, das bis

unten zur Straße geht und wild bewachsen ist. Hier wühlen die Hühner sehr gerne und verbringen dort viel Zeit.

Carsten reinigt das kleine Gehege regelmäßig, damit es keine lästigen Fliegen gibt im Sommer und die Hühner einen hygienischen Untergrund haben. Auch die Büsche und Sträucher werden regelmäßig in Form geschnitten und die Hühnerdamen oft und gerne mit frischem gesundem Futter verwöhnt.

Das Gehege ist direkt von der Terrasse aus zugänglich und leicht erreichbar. So hat man immer einen Blick auf die Hühnerbande und kann sie wunderbar beobachten.

Trotz der vielen Büsche und Bäume war ein Netz hier dringend nötig. Hier steht eine Zwerg-Cochin-Henne genau auf der Schwelle zum wilden unteren Gehege.

Auch er hatte einst extra ein überdachtes Sandbad mit besonderem Sand für seine Hühner gebaut, welches aber von ihnen verschmäht wurde.

Dafür buddeln die Hühner lieber dort eine Badekuhle, wo es ihnen gefällt. Diese süße mausernde Bartzwergdame nimmt zeitgleich noch ein Sonnenbad.

Sehr hübsch macht sich die weiße Zwerg-Cochin-Dame unter dem Hibiskusstrauch

Wenn Carsten den Rasen mäht, bekommen seine Hühner immer ein paar Handvoll von dem kurz geschnittenen Gras. Zu viel wäre nicht gesund und könnte zu Kropfverstopfung führen. Frisch muss es sein, denn Grasschnitt beginnt schnell zu gären.

Eine Deko, die den Habicht abschrecken soll. Ich finde sie total hübsch.

Zu Besuch bei der Reitschule Eichenhof

So kennt man es noch von früher: Die Hühner laufen frei umher und tauchen mal bei den Pferden, mal im Garten oder auf dem Misthaufen und in der Zufahrt auf. Sie schauen sogar regelmäßig bei den Kinderreitstunden zu. Die Ponys kennen das und lassen sich nicht irritieren, wenn der Hahn mit seinen auserwählten Damen einmal durch die ganze Reitbahn wechselt. Zu der Reitschule gehört neben einer wunderschönen Gärtnerei auch ein kleiner Streichelzoo, der sich neben dem eigentlichen Hühnergehege befindet, welches die Hühner aber tagsüber nur selten aufsuchen, denn der Zaun ist eben einfach einladend niedrig. Neben den Welsumer Hühnern und den braunen Hybridlegehennen wohnen momentan noch Wachteln, Gänse, Laufenten und Meerschweinchen sowie

Im Hintergrund sieht man das Hühnergehege auf dem Hof, doch da ist oft wenig los, denn ...

... die Hühner laufen tagsüber frei auf dem Gelände rum. Idylle pur, oder?

Dösendes Fohlen und Hühner drumrum. Schön.

zwei sehr süße Minischweine mit den Pferden und Ponys auf dem Hof. In den Ferien werden hier Bauernhoferlebnisferien für Kinder angeboten und die Hühner sind natürlich immer mittendrin.

Zwei sehr niedliche und kuschelbedürftige Mitbewohner auf dem Hof der Reitschule.

Für die Kinder und auch die Eltern, die beim Abholen ihrer Sprösslinge gerne einen Blick zu den Tieren werfen, ist es immer einem kleinen Urlaub ähnlich, wenn man auf dieses Gelände kommt. Tiere lassen uns den stressigen Alltag oft vergessen und für Kinder sind sie noch viel

Das sind die klassischen Lohmann-Brown-Legehybriden, wie man sie von den meisten Hühnerhöfen her kennt.

Hier ist jeden Tag Ostern. Irgendeine Henne weigert sich ihre Eier ins Nest zu legen und versteckt ihr Ei mal in der Heuraufe, mal im Blätternest.

mehr. Der kleine Ben, Sohn von Gritta, der Reitschulchefin, präsentierte mir stolz seine „Hühni“, sein Lieblingshuhn, wie er sagte. „Die kommt, wenn ich sie rufe und dann will sie auf den Arm.“

„Hier laufen die Hühner immer schon rum“, sagt seine Mutter. „Geht gar nicht ohne.“ „Und im Frühling haben wir wieder Küüüken“ freut sich Ben.

Ben und seine „Hühni“.

Zu Besuch bei Susi

Susi hat in ihrem traumhaften Garten schon seit Jahren eine Voliere, die sich in L-Form um das alte Gartenhäuschen schmiegt, in dem die Hühner übernachten. Der Bau ist sehr durchdacht, denn die Maschen des Volierengitters sind extra klein und das Dach ist komplett abgedichtet. So ist diese Hühnerhaltung sogar konform mit den Haltungsvorgaben während der Vogelgrippe und die Hühner sind trotzdem an der frischen Luft. Es darf nämlich kein Kontakt zu Wildvögeln bestehen im Vogelgrippefall. Auch darf kein Kot, zum Beispiel von Spatzen, durch ein Loch im Dach fallen.

Susi hat schon lange Hühner, Sittiche und Wachteln.

Die Mülltonne vor dem Eingang beherbergt nagetiersicher aufbewahrtes Futter und lässt sich leicht transportieren.
In der Voliere sind zahlreiche kleinere Ställchen, die als Legenester oder Verstecke dienen, auch sind viele Hölzer und Stangen im Gehege eingebaut, um für Klettermöglichkeiten und Abwechslung zu sorgen.

Susi war es auch, die die Bruteier von meinen Hühnern im Brüter hatte.

Das ist „Herbie 2", ein Sohn von Herbert und Fannie. Er ist besonders zutraulich und freundlich und darf daher bleiben.

Er hier zum Beispiel war auch dabei. Diese Strupphühner sind in einer überdachten Voliere sicher besser aufgehoben, da durch das nicht anliegende Federkleid bei Regen die Isolierung fehlt.

Eine wunderschöne Henne mit den klassischen Seidenhuhnfedern.

Dies hier ist definitiv ein Mix aus einer meiner Seidenhennen (typisch: fünf Zehen und Bart) und Herbert (normale statt zerschlissene Federn).

Auch Susi ist von den Legehybriden auf Rassehühner umgestiegen, außerdem wollte sie nur noch etwas Kleines, Niedliches, Zutrauliches. Daher hatte sie zu den Bruteiern meiner Truppe noch Seidenhühnereier bestellt. Heraus kam eine ziemlich lustige bunte Truppe, sogar struppfiedrige Hühner waren dabei.

Susi mit ihrem „Schneeflöckchen“, einer klassisch weißen Zwergseidenhenne.

Mit diesen hübschen bis verrückt-bunten Rassemixen kann man natürlich noch nicht einmal einen Blumentopf auf einer Ausstellung gewinnen, aber trotzdem jede Menge Freude haben. Ich mag gerade besonders die kleinen Hühner in Seidenhuhnformat mit Bart und Haube, aber eben mit normalen Federn. Sicher ist das Geschmackssache, aber gesund sind sie und für Hobby-Hühnerhalter ideal.

Susi füttert täglich frisches Grün- oder Saftfutter dazu. Sie sagt: „Wenn ich aus der Türe komme und die Schüssel in der Hand halte, das sehen die auf die Entfernung sofort. Dann sind die Hühner, so klein und flauschig wie sie sind, wie kleine Raubtiere. Dann ist richtig Rambazamba in der Bude und wehe, ich gehe ihnen zu langsam.“

Noch ein verrückt aussehender Strupphahnmix mit Irokesenschnitt.

Heute mal Mehlwürmer auf Salat. Die Hühner sind begeistert.

Stolzer Hahn vor wunderschöner Kulisse. Einfach toll, wenn man neben dem Einkaufen auch noch so schöne Bilder knipsen kann.

Zu Besuch beim Grünen Markt der Familie Feldmann

Hier haben wir wieder einen klassischen Bauernhof mit Tierhaltung, Obst- und Gemüseanbau sowie einem ganz wunderbaren Hofladen, in dem es neben regionalen Köstlichkeiten auch ganz, ganz tolle Deko gibt. Ich bin daher öfters dort.

Die Hühner haben auch hier ein tolles großes Gehege mit Stall, Sandbad, überdachter Futterstelle und Schattenbäumen, trotzdem laufen

„Die Hühner sind los" passt gut, denn meistens sind sie unterwegs und nicht daheim. Die, die zu Hause bleiben, genießen in Ruhe ihr Sandbad.

Mit so einer Leiter und der Latte auf dem Zaun ist das aber auch eine Einladung.

auch diese Hühner am liebsten draußen herum. Man trifft sie auf dem Acker, auf der benachbarten Wiese, auf der die Schafe und Esel stehen, oder sogar auf dem Parkplatz, wo sie in aller Ruhe zwischen den Autos und Kunden umherstolzieren. Ich mag dieses Bild, wenn ich zum Einkaufen dorthin fahre. Regionale Produkte und eine Schar Hühner, die sich die Koppel mit einem Ziegenbock teilt, herrlich im Grünen Schuir, am Rande des Ruhrpotts.

Interessant finde ich auch die Reaktion der anderen Kunden. Alle schauen sich die Hühner an, beobachten sie bei ihren Verrücktheiten oder eben den normalen Dingen, die ein Huhn macht, aber dennoch

Aber auch der Ziegenbock, der in seiner Hütte bei den Hühnern wohnt, ist ein lustiger Kerl. Ich finde ihn klasse und er lässt sich gerne von den Kindern streicheln.

Auch Laufenten sind mit im Gehege und kümmern sich um die Hühnerküken. Einfach nur süß, oder?

so lustig dabei aussieht. Groß und Klein haben Freude an ihnen. Sie passen eben perfekt ins Bild. Da ist es doch kein Wunder, dass so viele Menschen sich eben dieses Bild – das Bild einer kleinen heilen Welt – nach Hause in den eigenen Garten holen möchten.

Feldmanns Grüner Markt und die Hühner.

Wenn es dann nicht klappt mit den Hühnern im eigenen Garten, dann freut man sich umso mehr, sie zwischendurch live und in Farbe sehen zu können. Das Huhn wird wieder populär, ganz sicher. Keinen lässt es kalt, wenn der Hahn mit seiner Lieblingshenne einem Kunden

Traumhaft, oder? (Der Hahn hat zwei Beine, auch wenn es gerade nicht so aussieht, keine Sorge.)

mit Einkaufswagen die Vorfahrt nimmt und dabei so stolz und erhaben wirkt, dass man denkt, gleich winkt er wie die Queen (also der Hahn, nicht der Kunde). Der wiederum lacht sich kaputt über den eingebildeten Gockel und schwupps ... ist der Alltagsstress verschwunden. Hühner machen glücklich.

Liselotte. Großes Huhn, kleines Hirn. Aber trotzdem hat sie einiges auf dem Kasten.

KAPITEL 12
GESCHICHTEN, DIE DAS HUHN SELBER SCHRIEB

- WISSENSWERTES, ERSTAUNLICHES UND SPANNENDES, DAS HUHN IN FAKTEN

„Du dummes Huhn" – nur ein dummer Spruch?

Ich sage „Ja". Denn für die Größe des Gehirns im Verhältnis zum Körper ist das Huhn verdammt schlau. Ornithologen werden bestätigen, dass sämtliche Vögel intelligent sind. Rabenvögel z.B. stehen in Sachen Intelligenz Säugetieren wie Hunden und Katzen in nichts nach bzw. sind in einigen Bereichen sogar intelligenter, können z.B. besser zählen. Sicher gibt es hier und da Unterschiede, wie bei uns auch. Manche Hühner finden bereits am ersten Tag zurück in den Stall, manche stehen nach einem Monat noch ratlos davor ... Hier mal ein paar Fakten, was das Huhn alles kann.

Sinnesleistungen

- **Sehen**

Hühner haben sehr gute Augen für den Nahbereich (circa fünf Meter) und können tagsüber richtig gut sehen. Auch den noch so kleinsten Käfer sehen sie. Im Dunkeln sehen sie dafür so gut wie gar nichts. Sobald es dämmerig wird, lässt die Sehleistung extrem nach, auch alles, was weiter entfernt ist als ungefähr 50 Meter verschwindet aus

Mathilda alias Nessi (Monster von Loch Ness), die Mehlwürmer mit einem Auge im Blick. Mich mit der Kamera allerdings auch.

Rennendes Huhn

ihrem Sichtfeld. Vielleicht ist das auch ein Grund, warum sich Hühner nie weit von ihrem Zuhause entfernen, es soll immer in Sichtweite bleiben. Daher lieben Hühner auch Büsche und Sträucher so sehr, denn hier fühlen sie sich sicher und beschützt. Hühner können Farben sehr gut erkennen und auch ultraviolettes Licht sehen – eine Fähigkeit, mit der sie uns voraus sind. Leider nehmen sie Neonlicht als schnelles Flackern wahr, daher sollten Sie auf solche Lampen im Stall verzichten.

Die Augen befinden sich seitlich am Kopf, um das Sichtfeld auf beinahe 360 Grad erweitern zu können. Dennoch sind für das räumliche Sehen eines Objekts beide Augen nötig. Daher wackeln Hühner stets mit dem Kopf, denn das Zielobjekt muss von beiden Augen betrachtet und anschließend im Kopf zusammengesetzt werden, damit ein dreidimensionales Bild entsteht. Sicher haben Sie sich auch schon mal darüber gewundert oder amüsiert, dass ein Huhn beim Laufen bei jedem Schritt mit dem Kopf nickt. Es gibt unzählige lustige Videos von Hühnern, die von Menschen hin und her bewegt werden, sie aber stets den Kopf an einer Stelle halten. Das liegt daran, dass Hühner einen Punkt am für sie interessanten Gegenstand fixieren müssen. Der Kopf nickt vor, der Körper folgt, auch wenn sie rennen. Das sieht herrlich aus, besonders in Zeitlupe.

- **Hören**

Hühner können gut hören und sie können auch untereinander zahlreiche unterschiedliche Laute

Die Ohren befinden sich schräg unter den Augen oberhalb der Ohrlappen oder Ohrscheiben und sind von feinen Federn bedeckt. Diese geben übrigens meist die Farbe der Eier an, die eine Henne legt. Rot steht für braune Eier, weiße Ohrlappen für weiße Eier. Nummer 5 hier auf dem Bild legt natürlich keine Eier.

differenzieren, daher quatschen sie auch so viel. Sie sind eben sehr kommunikativ. Das ist äußerst wichtig, um sich gegenseitig warnen oder Futter anzeigen zu können.

- **Riechen und Schmecken**

Der Geschmackssinn ist eher gering ausgebildet, dafür riechen Hühner wohl ganz gut. Aber entscheidend dafür, ob Hühner etwas mögen oder nicht, ist meist der feine Tastsinn des Schnabels. Hier gibt es unzählige Nervenenden, die sehr fein die Informationen weiterleiten, ob man etwas fressen kann oder besser nicht. Es gilt: „Erst picken, dann überlegen." Daher muss alles Interessante angepickt werden, es könnte ja lecker sein.
Umso fieser finde ich die Tatsache, dass manchmal in Intensivhaltungen der Schnabel gekürzt wird, damit sich die armen Tiere nicht vor Langeweile gegenseitig verletzen oder anderen Hennen die Federn auspicken können.

Frau Mommsen schnuppert an meinem Blumenstrauß. „Nur gucken, nicht anfassen!" rief ich noch, aber schon war die Sonnenblume angepickt.

- **Fühlen**

Die Hühner haben einen eingebauten Vibrationsalarm. Dieses Organ, das für die Wahrnehmung der kleinsten Vibrationen sorgt, liegt in der Haut, ist aber besonders in den Füßen zu finden. Jede Schwingung im Boden oder in der Luft wird registriert. So sind sie in der Lage sich annähernde Feinde wahrzunehmen, die noch gar nicht in Sichtweite sind. Sich an Hühner anzuschleichen gelingt daher selten.

Auch so imposante Hühner wie Bruni haben feinste Sinne. Bruni hat außerdem einen Herzchen-Plüsch-Popo.

Nicht nur Krähen können sie. Hühner sind äußerst kommunikative Wesen

Wie Hühner kommunizieren

Geredet wird viel. Auch im Hühnerstall. Sie fangen damit sogar schon vor dem Schlüpfen an, nämlich dann, wenn sie sich mit den Geschwistereiern verabreden, wann sie denn nun genau loslegen sollen. Die Mutterhenne antwortet und dadurch ist das erste Band geknüpft. Man kennt sich schon und es erleichtert das Wiederzusammenfinden im Gehege.

Aber auch später unterhalten sich die Hühner regelmäßig, zeigen sich gegenseitig Futter an und warnen vor Feinden aus der Luft oder am Boden. Hier gibt es tatsächlich unterschiedliche Warnrufe, damit man weiß, um welchen Feind es sich handelt und wo man sich ver-

Hennen-Gelaber im Gehege

stecken sollte. Die Unterhaltungen, die die Hühner auch miteinander führen, wenn gerade gar nichts Dramatisches passiert, zeigen, dass sie sich wirklich gerne unterhalten. Es wird sich zum gemeinsamen Federputzen verabredet, die dritte Mittagspause eingeläutet, sich beim Sandbad verabredet oder der Weiterzug in einen anderen Teil des Geheges oder Gartens geplant. Hühner geben eigentlich ständig Laute ab. Eines redet immer – es sei denn, ein neues Huhn kommt dazu. Dann ist erst mal Stille angesagt. Jeder geht erst mal hin und guckt, sagt aber nix. Mit neuen Artgenossen in der alteingesessenen Schar spricht man nicht. Das dauert, bis das Eis geschmolzen ist. Die armen neuen Dinger sind erst einmal ganz auf sich gestellt und werden häufig hin und her gejagt und gehackt (daher der Name Hackordnung) und von den Futter- und anderen Lieblingsplätzen verscheucht. Die Hackordnung muss stehen, dann spricht man auch miteinander und tut so, als wäre man schon immer dagewesen.

Manchmal ist richtig Strom auf der Hühnergartentapete.

Big Mathilde, Chefin vom Dienst. Selbst Herbert weicht ihr aus. Sie war von Beginn an souverän, aber nie böse, was bei der Größe ja auch nicht nötig war. Die kleine Cookie hinter ihr, die selbst weit unten im Rang steht, ist dagegen rotzfrech zu Neuankömmlingen.

Die ehemals rangniederen Hennen feiern meistens, dass jetzt jemand anderes der Doofmann ist und sind oft ungerechter als die Leithenne selbst.

Aber auch der Hahn redet, wenn auch nur das Nötigste. Aber dafür kräht er was das Zeug hält und das nicht nur wie immer in den Märchen frühmorgens auf dem Mist. Er kräht auch später nach dem Frühstück und auch zum Nachmittag hin noch einige Male. Ist ein Konkurrent in der Nähe, kräht er eigentlich ständig in regelmäßigen Abständen. Man muss ja auf Nummer sicher gehen. Wenn der eine Hahn kräht, muss man natürlich antworten. Laut und kräftig, nicht dass der andere denkt, man wäre ein kleiner strubbeliger schmächtiger Kerl und leicht zu besiegen …

Hähne rufen ihre Damen aber auch zu sich, wenn sie etwas Leckeres gefunden haben oder stimmen mit ein in das Eierlied, welches oft von den Hennen nach erfolgreicher Eiablage geträllert wird. Warum die Damen das nun genau tun, weiß man noch nicht. Möglicherweise, weil sie die Schar suchen und auf Antwort warten, vielleicht weil sie Bescheid geben wollen, dass die Nächste dran ist, das Nest zu füllen, damit die Nachzucht garantiert ist, oder weil sie einfach stolz sind? Keine Ahnung, auf jeden Fall aber

steht das dem Hahnenkrähen in der Lautstärke in nichts nach. Manche Hennen geben richtig Gas und halten sich auch lange dran. Siehe das Eier-Lied-Video von Sprotte auf Seite 51, hier haben Hermine und Sprotte ein Ei gelegt, Josefine überlegt noch und Herbert trällert von draußen mit. Möglicherweise haben sie aber auch einfach nur Spaß daran.

Nummer 5 hat´s drauf.

Ähnlich hört es sich an, wenn sie sich erschrecken. Dann ist auch Remmidemmi in der Bude und die Damen heizen sich lautstark gegenseitig auf. Da reicht schon ein Besuch der Nachbarskatze im Garten und alle wissen Bescheid, dass „Frau Norris" wieder da ist. Hähne klatschen auch häufig die Flügel aneinander, bevor sie krähen. Das ist eine Art Imponiergehabe und soll ihre Kraft und Stärke verdeutlichen. Oft hüpfen oder fliegen sie dazu auch auf einen erhöhten Posten im Gehege. Auch die Hennen sollen angeblich darauf fliegen, wenn die Hähne das tun und suchen sich den aus, der das am schönsten macht.

Hennen dagegen wedeln eher vorsichtig mit den Flügeln und ducken sich im Anschluss, wenn sie ihre Unterlegenheit zeigen wollen, um sicher aus einer bedrohlichen Situation zu entkommen. Eine Henne kann aber auch drohen: Sie richtet sich auf und spreizt die Flügel weit auseinander. So zeigt sie der anderen, dass diese sich besser flott verziehen sollte. Manche drohen auch nicht und greifen direkt an, dass sind dann die eher frechen und unangenehmen Gesellen.

Manche Hennen sprechen mit uns Menschen. Keine Ahnung, was sie da so zu einem sagen, aber sie antworten, wenn ich sie anspreche. Wenn ich zum Beispiel ins Gehege komme, um den Stall zu säubern, dann kommt Poffertjes meist zu mir, einfach um zu gucken, was ich da mache. Und dann quatscht sie mich voll. Da ich nicht unhöflich bin, antworte ich natürlich. Das geht dann so weiter, bis der Stall sauber ist und ich wieder rausgehe. Ich sage etwas, sie gackert zurück. Mal leise, mal laut, mal aufgeregt. Ich würde zu gern wissen, was sie mir da morgens Dringendes erzählen will. Ich habe da folgende Ideen:

„Hi Poffi."
„Hi Du."
„Wie war die Nacht? Alles ruhig gewesen?"
„Nein, es war nicht zum Aushalten!"
„Was war denn los?!"
„Herbert hat die ganz Nacht geschnarcht. Laut!"
„Oha, das ist ätzend. Kenne ich von meinem Mann."
„Dann hat auch noch Sprotte wieder wild geträumt und die ganze Nacht imaginäre Geister gejagt."
„Ja, stimmt. Die hat ganz schön einen an der Haube."
„Da sagst Du was!"
„So, fertig, bis später."
„Ja. Danke fürs Saubermachen. Bis nachher."

Oder so:
„Hi Poffi"
„Tach."
„Wie war die Nacht? War alles ruhig?"
„Geh mir nicht auf den Keks und hör auf zu labern, ich will ins Nest und in Ruhe ein Ei legen."
„Habt ihr alle gut geschlafen?"

„Kannst Du Dich nicht mal kämmen, bevor Du hier reinkommst? Schlimm siehst Du aus!"
„Tolles Wetter, da könnt ihr ja herrlich Sonnenbaden."
„Und Deine Schlappen...!!! Himmel, sehen die kacke aus."
„So, fertig, bis später Süße."
„Jaja, mach die Tür zu!"

Ich weiß es nicht und bevorzuge daher naiv die Vorstellung Nummer eins.

Gemeinsames Putzen und Dösen – zusammen macht´s mehr Spaß

Hühner machen gerne alles gemeinsam. Sie sind oft zusammen beim Putzen oder Dösen anzutreffen und häufig sitzen immer die gleichen nebeneinander. Auch im Stall hat jeder seinen festen Platz. Es sind eben soziale Tiere, die nur dann stressfrei und gesund leben können, wenn sie diese wenigen Wünsche auch ausleben dürfen.

Zusammen chillen gehört zum Komfortverhalten.

3 beim gemeinsamen Putzen

Hühner, die diese wenigen, aber wichtigen Bedürfnisse nicht ausleben können, weil sie auf zu engem Raum bei unhygienischer Haltung sowie ohne Scharr- und Staubbadmöglichkeiten gehalten werden, sehen sehr schnell gerupft und krank aus. Auch die Massenhaltung bei der zugelassenen Bodenhaltung ist ein Graus für sie, da bei so einer großen Anzahl an Tieren natürlich keine sozialen Strukturen entstehen können. Es gibt keine geregelte Hackordnung und keine Freundschaften. Man sagt, dass Hühner bis zu 100 „Gesichter" unterscheiden können, aber in so großen Gruppen leben weit mehr Tiere auf kleiner Fläche. Auch das Komfortverhalten, dass ein Huhn aufpasst, während das andere sich sonnt, kennen die Hühner aus Massenhaltung nicht.

Putzen zählt neben Sandbaden, Scharren und Picken zu den Haupttätigkeiten des Tages.

Gemeinsames Umherstreifen ist auch beliebt. So ist dann der gerade zusammengeharkte Laubhaufen in Nullkommanix wieder auseinandergescharrt sowie anschließend käfer- und wurmfrei.

Herbert bewacht Sprotte beim Sonnenbaden.

Hühner und andere Tiere. Wie kompatibel sind Hühner?

Ob die Vergesellschaftung der Hühner mit anderen Tieren gelingt, liegt an vielen Faktoren. Sollten Sie die Hühner in einer geschlossenen Voliere oder in einem sicheren Gehege halten, ist es sowieso egal, ob Sie einen Kampfdackel, eine jagende Katze oder einen Jagdhund in Garten und Haus haben. Sollten Sie die Hühner frei laufend halten, macht es Sinn, die Tiere unter Aufsicht Bekanntschaft schließen zu lassen. Meine Erfahrung ist, dass es eigentlich nie Probleme gibt, wenn der Hund oder die Katze wissen, dass die Hühner zur Familie oder zum Hof und Garten dazugehören. Auf den Höfen leben immer schon Hunde, Katzen, Hühner und einige andere Vierbeiner ohne Dramen und Vorfälle zusammen.

Erna und Käthe gucken sich unseren schlafenden Higgins mal vorsichtig aus der Nähe an.

Bei Besuch ist das allerdings anders. Fremde Hunde reagieren oft sehr interessiert – zu interessiert … Nicht selten ist es ein Nachbarhund, der ein Huhn holt und nicht der eigene Hund. Vorsicht ist daher immer geboten.

Die Hühner klauen dem braven Pferd ein paar Leckerbissen direkt aus der Futterschüssel.

Bei Katzen ist die Gefahr eher gering. Einmal wegen der Größe und andersherum wissen sich die Hühner auch zu wehren. Bei den ganz kleinen Zwerghühnern bin ich mir allerdings nicht ganz sicher. Bei uns war das so: Chef waren die Hühner. Dann kam unsere Katze Uschi, dann erst der große Higgins. Er war eh eine Seele von Hund und hatte ein großes Herz für alle.

Wenn die Hühner allerdings noch klein sind, also Küken, dann sollte dringend darauf geachtet werden, dass ein Zusammentreffen nur unter Aufsicht geschieht. Auch der liebste Hund könnte hier Schaden anrichten ohne sie aufzufressen. Die Küken sind eben sehr zerbrechlich. Einmal draufgetreten und das Küken ist schnell verletzt.

„Wehe, Poffertjes!", scheint Uschi hier zu denken.

„Nur ein Happs und weg ist es" – Ist es das, was Harpo uns hier mit seinem Blick sagen möchte?

Und was können Hühner sonst noch? Kurioses über das Huhn

- Hühner haben gut entwickelte kognitive Fähigkeiten: Sie wissen zum Beispiel, dass kürzlich versteckte Gegenstände immer noch vorhanden sind. Damit stehen sie auf einer Stufe mit Menschenaffen und Kleinkindern. Küken sollen auch angeblich in Versuchen gezeigt haben, dass sie bis fünf zählen können, beziehungsweise Aufgaben in diesem Zahlenraum unterscheiden, lösen und danach agieren können.
- Sie können auch rational urteilen und zum Beispiel auf Futter verzichten, wenn sie wissen, dass sie gleich mehr davon bekommen können als ursprünglich hingelegt.
- Eine Henne kann, wenn sie von einem Hahn gedeckt (getreten) wurde, den sie nicht mag, dessen Sperma wieder abstoßen. Das klappt in 80 bis 85 Prozent der Fälle. Hennen können auch Sperma „speichern". Bis zu vier Wochen lang können sie befruchtete Eier legen, auch wenn schon längst kein Hahn mehr in der Nähe war.
- Sie können bis zu 15 Stundenkilometer schnell laufen.
- Auch Hühner durchleben verschiedene Schlafphasen, unter anderem auch die REM-Phase und träumen.
- Hühner erkennen „ihre Menschen". Sie können verschiedene Menschen unterscheiden, aber auch bei anderen Tieren erkennen sie Unterschiede: Der Haushund wird geduldet, vor einem neuen Hund wird gewarnt und so weiter.
- Das älteste Huhn wurde 22 Jahre alt. Die natürliche Lebenserwartung beträgt aber um die acht Jahre.
- Auch Hennen können krähen. Wenn kein Hahn in der Truppe ist, kann es manchmal vorkommen, dass eine Henne das übernimmt. Für gewöhnlich legt diese dann keine Eier und weist erhöhte Testosteronwerte auf. (Käthe, meine Deutsche Lachshuhn-Henne macht das auch. Sie kräht manchmal morgens mit Herbert zusammen, aber nur, wenn keiner guckt. Sobald ich den Stall betrete oder ihn öffne, ist sie still. Aber ich habe es durch das Fenster beobachtet. Das Lustigste daran war Herberts empörtes und genervtes Gesicht.)
- Das Huhn wird immer populärer, manche haben sogar eigene Instagram-Accounts.
- Hühner eignen sich hervorragend für das Clickertraining und erlernen gerne Kunststückchen.

Sprotte, das Skateboard fahrende Weihnachtshuhn. Hühner sind echte Multitalente.

Das ist „Erna Dattel aus der Fischbratküche“. So nannte mich meine Tante, wenn ich mal wieder mit Zottelhaaren und unordentlichen Klamotten herumlief. Kindheitstrauma oder lustige Erinnerung, wie und was auch immer, konnte ich hier durch Namensweitergabe erfolgreich verarbeiten.

KAPITEL 13
WIE UNSERE HÜHNER ZU IHREN NAMEN KAMEN

• FRAU SCHMITZ, NUMMER 5, POFFERTJES, MAJOR TOM & CO.

Ein paar Namensvorschläge für Ihre baldigen Mitbewohner.
Wir haben viel Spaß daran, uns lustige oder schöne Namen für unsere Hühner auszusuchen. Aber was hier lustig ist, ist natürlich Geschmackssache. Es soll ja Leute geben, die finden „Chicken Wing", „Frittata", „Omelette", „Curry" oder „Marsala" witzig. Ich nur ein bisschen. Unsere Hühner haben größtenteils altdeutsche klassische Namen, jedenfalls die, bei denen ich mit aussuchen durfte. Auch ein Bezug zu bestimmten Gegebenheiten oder Herkunftsländern ist möglich. Sie erinnern sich: „Nummer 5 (lebt)", weil er wie durch ein Wunder überlebt hat, obwohl im fünften Ei eigentlich kein Leben mehr zu erwarten war. Jetzt sagen Sie nicht, Sie kennen den Film aus den 1980er-Jahren nicht? Den Kampfroboter No. 5, der durch einen Blitzschlag zum Leben erwacht und hinterher ein ganz friedlicher lustiger Kerl ist? Schade. Oder so auch Major Tom, mein Durchstarter mit Raketentempo. Auch Poffertjes und Frau Antje, meine Branevelder heißen nicht ohne Grund so. Wenn man schon aus Holland kommt, muss da ja auch etwas Passendes her. Und Sprotte war die Hauptdarstellerin bei den „Wilden Hühnern". Klar, dass unsere „very special" Henne auch so heißen muss.

Speziell war allerdings die Namensfindung von Frau Schmitz. Das war nämlich so: Als die hübsche, schwarze Zwerg-Cochin-Henne bei uns einzog, um einem ausgesetzten Hahn, den ich zum Aufpäppeln hier hatte, etwas Gesellschaft zu leisten und ich endlich eine Ausrede hatte, mir so eine fesche Zuchthenne zu holen, saß sie bei meiner Tochter auf dem Schoß. Dann knipste ich ein Bild, um der Oma unsere neue Errun-

genschaft zu zeigen. Als ich das Foto ansah, habe ich einfach nur noch laut gelacht. „Die guckt wie Ralf!", sagten Leonie und ich wie aus einem Munde. Alles klar, Frau Schmitz sollte sie heißen, da gab es gar keine Diskussion. Ich hoffe sehr, der Namensgeber ist nicht geschockt oder pikiert. Wir sind große Fans, Ralf, ehrlich!

Ich hoffe, Ralf weiß die Ehre zu schätzen ...

Hier ein paar bunt gemischte Vorschläge

Klassischen Namen für die Damenwelt

Adele, Agathe, Klara, Käthe, Bruni, Berta, Gertrud, Bärbel, Gisela, Hedwig, Hennelore, Erna, Liselotte, Rosi, Frieda, Lisbeth, Frau Mommsen, Mathilde, Dörte, Cordula, Uschi, Wilma, Clementine, Jolanda, Adelheid, Heidi, Hilde, Kunigunde, Trude, Lilli, Dolores, Luzia, Charlotte, Irmchen, Josefine, Martha, Wilhelmine, Hermine, Therese, Renate, Roswitha, Gitti und Belinda

Lustige Namen für Hennen

Kokolores, Sprotte, Fräulein Hoppenstedt, Miss Marple, Poffertjes, Nudel, Gänseblümchen, Zizzl, Cookie, Socke, Rapunzel, Lara Croft, Mary Poppins, Chili, Mrs. Norris, Cinderella, Kühlwalda, Falbala, Gutemine und Fräulein Rottenmeier

Klassische Namen für Hähne

Herbert, Gisbert, Otto, Fritz, Gottfried, Siegfried, Fiete, Heinrich, Herrmann, Albert, Leopold, Kaspar, Karl, Fred, Kuno, Josef, Marcello, Caruso, Figaro, Beethoven und Heinz

Lustige Namen für Hähne

Catweazle, Petrosilius Zwackelmann, Hotzenplotz, Tarzan, Sergeant, Captain, Da Vinci, Kopernikus, Schwarzenegger, Elvis, Schneemann,

Louis de Funès, Bud Spencer, Harley, Einstein, Obi Wan Kenobi, Kevin, Leines, Harry, Mr. Flintstone, Alf, Asterix, Monk, Sid, Bond – James Bond, Marty McFly, Doc Brown, Skywalker, Rocky Balboa, Sinatra, Don Camillo, Peppone, Pavarotti, Al Bundy, Kermit, Bon Jovi, Roy Black, Heino, Mick Jagger, Miraculix, Cäsar, Obelix, Ritter Rost, Charlie Chaplin und Dr. Pudlich

Ich hoffe, ich habe Ihnen ein klein wenig die wunderbare Welt der Federtiere und das Besondere am Haustier Huhn näherbringen können. Das „Hühnervirus" ist ansteckend und ziemlich therapieresistent. Viel Freude damit!
Denn Hühner machen glücklich!

Ihre Diana Tiebes

Adele und Nummer 5. Einmal im Alter von nicht ganz einer Woche und einmal mit circa acht Monaten.

Dankeschön!

Ein großes Dankeschön geht an meine „Hühnerfreunde“ Kerstin Schocke, Carsten und Tina Hoffmann, Susi Zähres, Antje und Normen Hein mit Nele und Maja Terjung, an die Reitschule Eichenhof und Grita und Ben Kreuselberg sowie an Familie Feldmann vom Grünen Markt. Danke, dass ich bei Euch und mit Euch Fotos machen durfte.

Danke an den Verlag Müller Rüschlikon, besonders an Claudia König und Nicola von Ravenstein für die tolle Zusammenarbeit und dafür, dass ich dieses wundervolle Projekt verwirklichen durfte.

Danke an Stephanie Reineke, Kerstin Schocke und Julia Sieg fürs Mitlesen und weil Ihr einfach meine großartigen Drei, meine Besten seid.

Danke an meine Familie für das Verständnis zum Thema „unheilbares Hühnervirus“ und dass Ihr das alles so wunderbar mitmacht und mich unterstützt.

Besonders danke ich meiner Tochter Leonie. Sie ist mindestens genauso hühnerverrückt wie ich, weiß so ziemlich alles über Hühner, hat die tollsten Bilder gemacht, allen voran das Titelbild und ist auch sonst die beste Tochter, die man sich wünschen kann. Bleib so wie Du bist, Süße!

INTERESSANTES ZUM WEITERLESEN:

Suzie Baldwin: **Hühner halten im Garten: Der Weg zum eigenen Bio-Ei.** BLV, 2016

Anne-Kathrin Gomringer: **Unsere ersten Hühner: Glückliche & gesunde Hühner im eigenen Garten.** Ulmer, 2022

Robert Höck: **Happy Huhn. Edition 2.0: Von dem Vergnügen, glückliche Hühner halten zu dürfen.** Cadmos LandLeben, 2021
Das ist eins der Bücher zur „YouTube®"Serie von Robert Höck. Hier finden Hühnerfans eine große Anzahl Videos zu Rassen, Haltungsformen, Gehegegestaltung, Kükenaufzucht und vielem mehr. Von Robert Höck und Verena Raffl gibt es weitere interessante Bücher nach der Happy-Huhn-Philosophie.

Antje Krause und Wilhelm Bauer: **Warum Hühner scharren, nicken und picken: Alles über Verhalten, Gewohnheiten und Marotten.** Ulmer, 2021.

Antje Krause und Wilhelm Bauer: **Garten sucht Hühner: Die besten Rassen für kleine Gärten.** Ulmer, 2018

Katharina von der Leyen: **Hühnerliebe – Das große Praxisbuch.** GU, 2022

Diana Tiebes

Die fünf Hundetypen

In der traditionellen chinesischen Veterinärmedizin

Die Fünf-Elemente-Theorie kann ein wunderbares Instrument in der Gesunderhaltung des Hundes sein. Leicht verständlich werden Zungendiagnostik, die Organuhr und die 5 Elemente erklärt. Mit vielen Gesundheitstipps, die sinnvoll in den Hundealltag eingebaut werden können: typengerechte Ernährung, Kräuterzusätze und passende Akupressur-Punkte.
176 Seiten, 120 Bilder
ISBN 978-3-275-02258-8
€ 24,90 / € (A) 25,60

Änderungen in Preis und Lieferfähigkeit vorbehalten.

Überall, wo es Bücher gibt, oder unter
WWW.MUELLER-RUESCHLIKON.DE
Service-Hotline: 0711 / 78992151

Müller Rüschlikon